室 内 设 计

施工 图绘制

主编 ◎ 曾华斌

U0226460

经济管理出版社
ECONOMY & MANAGEMENT PUBLISHING HOUSE

图书在版编目（CIP）数据

室内设计施工图绘制/曾华斌主编．—北京：经济管理出版社，2015.6（2021.1 重印）
ISBN 978 - 7 - 5096 - 3792 - 0

Ⅰ . ①室… Ⅱ . ①曾… Ⅲ . ①室内装饰设计—绘画技法—教材 Ⅳ . ①TU204

中国版本图书馆 CIP 数据核字（2015）第 107276 号

组稿编辑：魏晨红
责任编辑：魏晨红
责任印制：黄章平
责任校对：雨　千

出版发行：经济管理出版社
　　　　　（北京市海淀区北蜂窝 8 号中雅大厦 A 座 11 层　100038）
网　　址：www. E - mp. com. cn
电　　话：（010）51915602
印　　刷：北京市唐家岭福利印刷厂
经　　销：新华书店
开　　本：880mm×1230mm/16
印　　张：11. 25
字　　数：624 千字
版　　次：2015 年 6 月第 1 版　　2021 年 1 月第 3 次印刷
书　　号：ISBN 978 - 7 - 5096 - 3792 - 0
定　　价：36. 00 元

编 委 会

主　编　曾华斌

编　委　王　杲　林淼昕　薛智星　陈　烺　朱丽萍　郑竟适

目　　录

项目一　室内设计的基本知识

任务一　室内设计的基本流程

知识目标

通过学习，对室内设计的基本流程有所了解。

技能目标

通过学习本任务内容，了解室内设计的四个阶段，大致掌握每个阶段的主要工作内容。

任务要点

详细介绍室内设计的程序和步骤。通过学习，要求学生清晰室内设计不同阶段所要解决的相关问题，掌握室内设计不同阶段的工作重点，规避设计中的一些常见问题。

项目任务书

任务名称	室内设计的基本流程		任务编号		时间要求	
要求	1. 室内设计的基本流程 2. 室内设计基本流程每个阶段及其具体工作内容					
重点培养的能力	室内设计的基本流程及每个阶段的工作内容					
涉及知识	室内设计的基本流程					
教学地点	教室、机房		参考资料			
教学设备	投影设备、投影幕布、电脑					
训练内容						
1. 老师对案例进行分析，讲解室内设计基本流程，介绍相关拓展知识						
2. 课堂练习。对学生进行分组，安排课堂练习						
3. 提出问题及老师答疑。学生提出在学习过程中遇到的问题，老师作出解答						
训练要求						
通过对实例的学习，学生能熟练说出设计的基本流程及每个阶段的工作内容						
成果要求及评价标准						

成果要求：

　　1. 老师提出一个具体案例，学生能指出是哪个具体流程

　　2. 根据具体案例，学生能说出每个阶段具体该做什么工作

评价标准：

　　1. 准确把握案例的基本思路，对各基本流程表述无误

　　2. 对每个阶段具体工作描述没有太大偏差，不混淆其他阶段内容

综合学生的具体表现，对学生进行评分：90~100分优秀；80~89分良好；70~79分中等；60~69分合格；60分以下不合格

项目组评价			
教师评价		总分	

项目实施计划书

项目任务与内容	教师工作任务	学生学习任务	实施地点	实施时间
制订目标、计划	布置课题、下发任务	1. 阅读任务书，明确项目任务 2. 确定学习目标，制订项目实施计划 3. 分项目组，制订项目组计划	机房	
讲解室内设计的基本流程，并深入拓展每个阶段中的具体工作	1. 现场指导，解答学生遇到的问题 2. 管理实训课堂纪律	学习案例	机房	
项目实训	提出案例及问题	解答案例中遇到的问题		
学生自评与互评	1. 现场指导，解答学生遇到的问题 2. 管理实训课堂纪律	1. 学生自我评价 2. 小组互评	机房	
教师讲评	老师对整个实训进行综合性的总结、讲评			

根据室内设计的进程，通常可以分为四个阶段，即设计准备阶段、方案设计阶段、施工图设计阶段和设计实施阶段。

一、设计准备阶段

一个空间在进行设计之前需要做大量的准备工作，这个阶段称作设计准备阶段。设计准备阶段主要包括前期调研准备和设计准备两部分，主要目的就是更好地了解客户的设计需求和喜好，收集设计的相关基础资料，从而确定设计思路。

（一）前期调研准备

设计的前期调研包括设计空间所处的环境情况调研、该类型空间以前做完的设计情况调研，以及对于该类空间的相关要求调研三个部分。

（二）设计准备

设计前的准备主要是对相关资料的搜集和主要问题的整理以及提炼，并对设计时间做出相应的规划等。

二、方案设计阶段

接到委托书后，需要对有关的资料信息进行分析整理，了解客户的要求、设计的时间期限、造价要求等。在做好这些准备工作之后，即可进入具体方案的设计和功能构思设计阶段，这个阶段被称为方案设计阶段，也可以称作初步设计阶段。设计的内容包括整体空间和部分空间的功能划分，以及空间意境、格调和风格气氛的设计。这是整个设计的纲领，是设计过程中的关键一环。方案设计阶段是在设计准备阶段的基础上，根据任务书的要求和设计载体的具体条件，进一步收集、分析、运用与设计相关的资料和信息，构思立意而进行的有创造性、有独特个性并综合考虑多方面条件因素而做出的综合反映。

（一）设计方向的确立

一个方案的设计过程通常包括基本设计构思、意向图片参考、与客户沟通（甲方）、草图方案深化、多种方案比较、方案最终确立等步骤。

初步设计阶段前期，要进行大致设计思路的整理，设定空间的基本概念和设想，以及整体的空间氛围和感觉。根据前期与客户（甲方）的沟通，把客户（甲方）的要求、环境的特点、空间的条件以及自己的想法进行梳理，确立自己预期要达到的目标。再根据自己的思路，收集对比一些参考图片，研究其设计的优缺点，然后经过对比整理，从中确定自己的设计意向。在大致意向确定后，需要与客户（甲方）进行协调沟通，向客户（甲方）说明自己的想法和思路，然后就可以从图纸入手，做进一步的设计与深化了。

（二）草图设计

设计方向确立之后，就可以进行具体的图纸分析和绘制工作。此时的图纸分析，主要以草图形式来表现，包括平面布局草图、空间透视草图和计算机效果图等。

草图设计是一种综合性的作业过程，是把设计构思转化成具体的图形的过程，也是各方面构思通向现实的路径。无论是从空间组织的构思，还是色彩设计的比较，或者是装修细节的推敲，都可以以草图的形式来进行。对设计师来说，草图的绘制过程，就是设计师思考的过程，也是设计师从抽象思考进入具体图形思考的过程。

草图分析的方法是与构思紧密相连的，要多次反复勾画平面布置草图、立面草图和透视效果图等各种空间形象的设计草图，同时结合参考资料和国家设计规范加以反复推敲和比较，逐步形成和深化方案。在这个过程中，要注意功能、技术和美学等方面要素间的关系。对于草图构思，无论从平面草图、立面草图还是空间透视草图都是可以的，但始终要注意调整各方面的主从、互补和有机统一的关系。在日常设计工作中，一个好的构思或创意往往一开始并不是完整的，只是一个粗略的想法，只有在设计者的思考过程中配合大量的设计草图，不断深入和推翻，好的构思和创意才能逐渐深化和完善。如图 1-1 至图 1-4 所示。

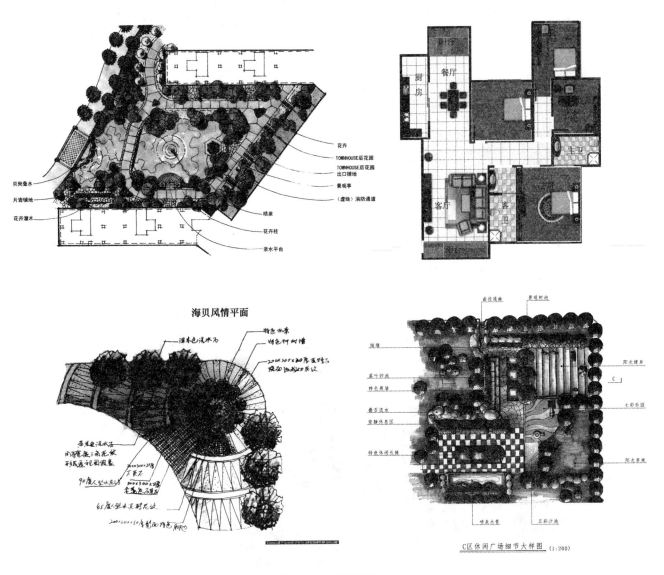

图 1-1　平面草图

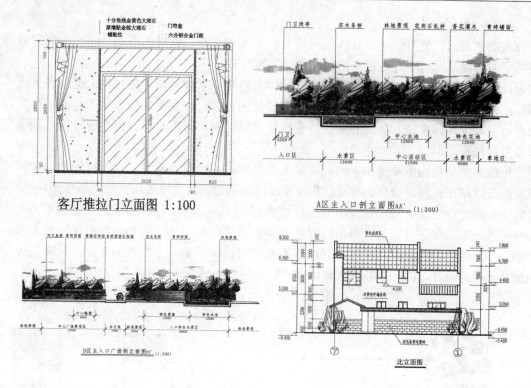

图 1-2 立面草图

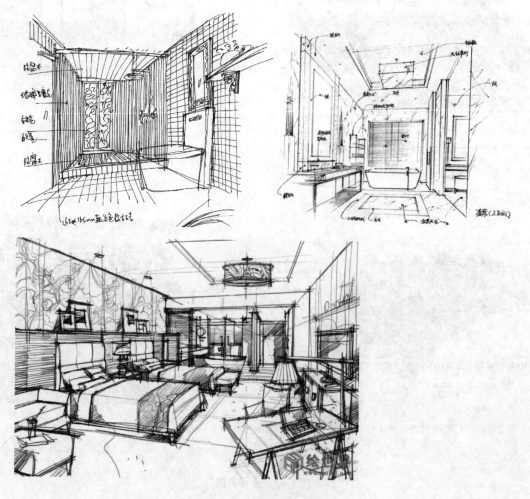

图 1-3 空间透视草图

图 1-4　3D 效果图

三、施工图设计阶段

初步设计方案经过审定后，即可进入施工图设计阶段。施工图设计具有双重作用：它既是设计概念思维的进一步深化，又是设计表现最关键的环节。施工图作业以"标准"为主要内容，这个标准是施工的唯一科学依据。再好的构思、再美的设计，如果不能付诸实施，那也是空谈。施工图作业是以材料构造体系和空间尺度体系为基础，特别注意尺寸的精确和细节的详尽，尤其是一些特殊的节点和做法。一般要求以剖面详图的方式将重要的部位表示出来，画出正确的剖面详图，因此必要的构造与施工知识是不可或缺的，细部尺寸与图案样式在施工图中主要表现在细部节点详图中。

平、立面图绘制的精确与否对施工作业具有非常重要的意义。在室内设计的方案图中，平面图的表现内容与建筑平面图有所不同，建筑平面图只表现空间界限的划分，而室内平面图则要表现包括家具和陈设在内的所有内容。有的立面图也要表现固定家具，所以标注一定要准确、详尽。国家对于建筑工程制图和图形标准都有相关规范，图形标准包括图纸的大小、线条的粗细等级、索引符号的表示方法、引出线的表示方法、详图的表示符号等。

施工图图纸是表述设计构思、指导生产的重要的技术文件。根据室内设计的特点，施工图设计阶段需要绘制出施工所必需的平面布置图、天花布置图、地面材料布置图、立面图、剖面详图等。

（一）平面布置图

平面布置图是对室内空间所做一个理性的、科学的、符合规律的功能区域的划分，使空间既能达到设计的合理性，又能达到使用的空间要求。平面布置图的重点在于对室内空间进行规划，从而清晰地反映出各功能区域的安排、流动路线的组织、通道和间隔的设计、门窗的位置、固定及活动家具的布置等的设计，将室内空间重塑成一个合理的、功能舒适的空间。如图1-5所示。

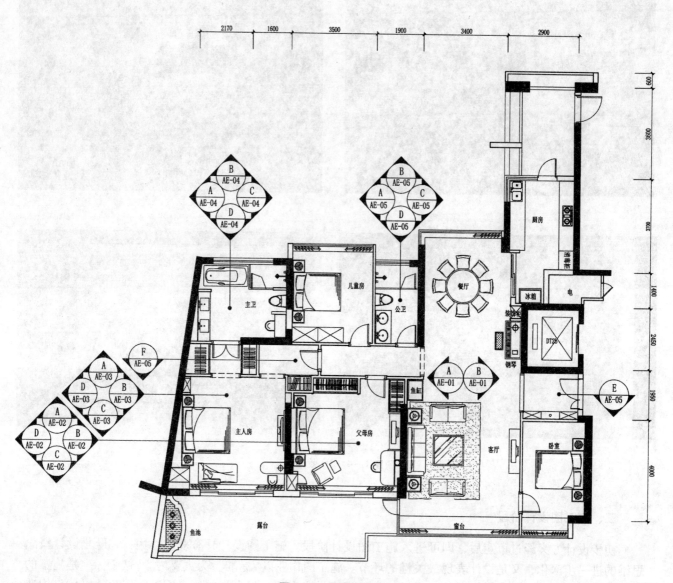

图1-5 平面布置图

（二）天花布置图

天花布置图是反映天花顶棚造型、灯具布置、材料及设备（如空调风口、安防设备、消防设备等）的位置等的设计。

由于现代建筑物的室内环境如照明、空调、安防、通信等主要是通过相关设备的运行来实现的，为了使室内空间更加舒适、美观，一般采用天花吊顶将设备及管线隐藏。因此，室内设计对天花设计非常重视，并通过天花的设计来营造各种室内氛围，使得空间更具特色。

绘制天花布置图的依据主要是平面布置图、建筑结构图和相关的设备设施配置，在绘制时应掌握影响这些的相关因素，如建筑梁的位置和尺寸、各种设备管线的位置及走向等。如图1-6所示。

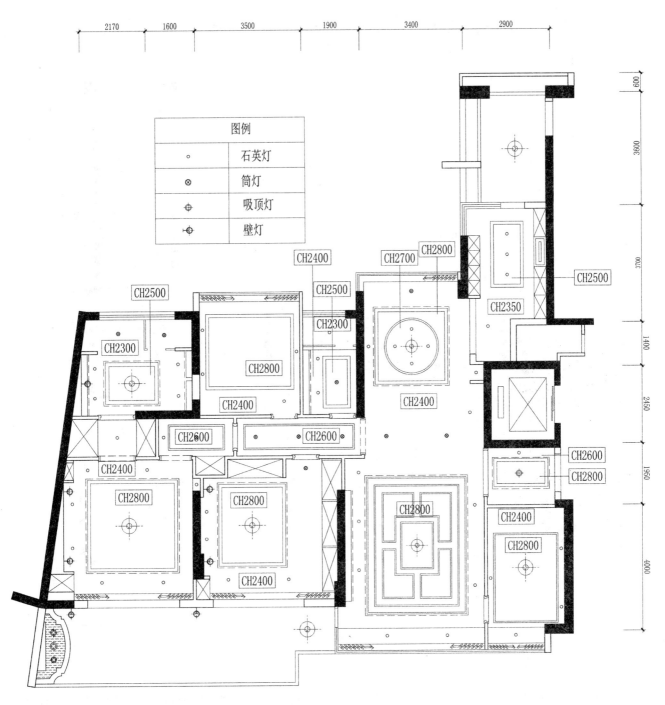

图1-6 天花布置图

（三）地面材料布置图

地面材料布置图是将平面布置图中活动家具部分除去，在平面布置图的基础上，根据设计构思对地面铺贴进行的图形表现。地面材料布置图也叫地面铺贴图，它首先必须综合考虑设计的形式、材料的规格、施工的工艺、经济等各方面的因素；其次确定铺贴的定位线和尺寸线，即确定基准、调节尺寸、固定尺寸，原则上每一个铺贴空间都应留有调节尺寸；最后还要注意使用材料的种类和材料的特性。当所有因素都确定之后，就可以在图纸上绘制定位基准线（与现场施工放线相同），再根据铺贴材料规格绘制出分隔线。还要根据专业设计在地面材料图上标注地面设备设施的位置，如地漏、水沟、散水方向和坡度、地面高差等。如图1-7所示。

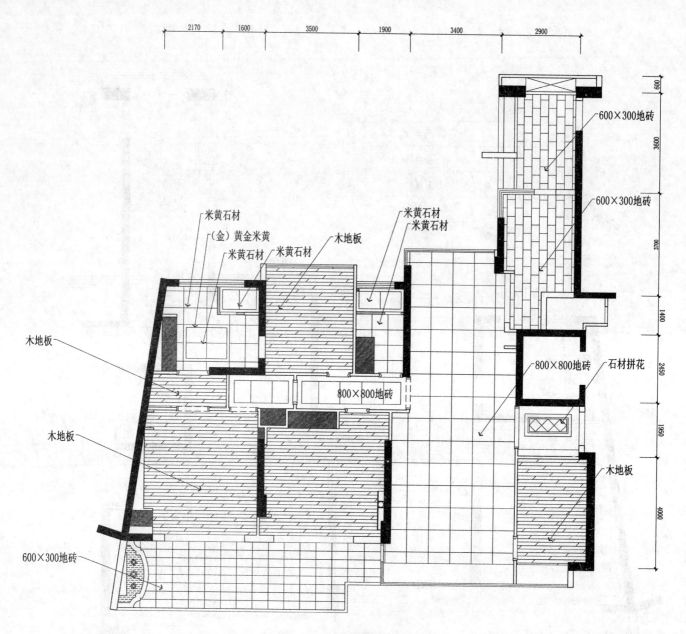

图1-7 地面材料布置图

(四) 立面图

立面图是室内设计的重要组成部分。通过立面图的表现，可以清楚地反映室内立面的装修和其他构造，例如门窗、壁橱、隔断造型、柜台等的设计形式、尺度、位置以及材料、色彩运用等信息。通过立面图，可以控制空间尺度和比例。立面图的绘制依据是平面布置图、设计构思、原建筑剖面图及现场实际复核情况。

通常室内立面图要表达的范围宽度是各个界面自室内空间的左边墙角内角到右边墙角内角；高度是自地平面到天花板的距离。一般来说，建筑物的室内空间至少有四个面，为了有序地把这些界面通过图形加以表达，通常我们习惯假设站在室内空间的中心，然后按照顺时针的方向，以12点钟方向所对的面为A立面，3点钟所对的面为B立面，6点钟所对的面为C立面，9点钟所对的面为D立面。当然，不规则的室内空间不受此限制。立面图如图1-8、图1-9所示。

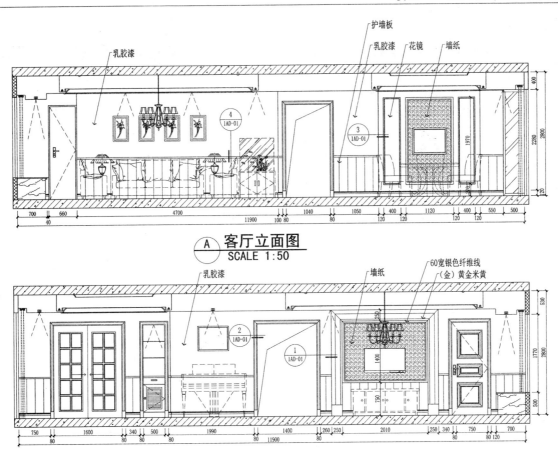

图 1-8 立面图（1）

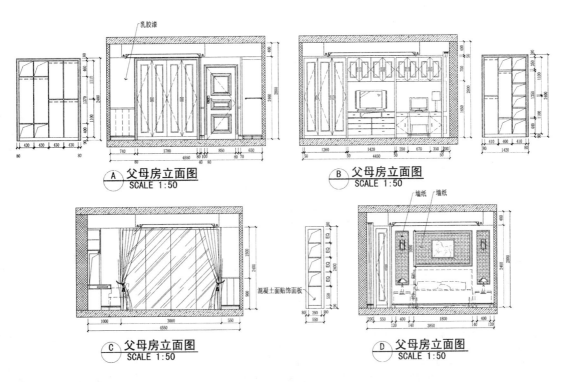

图 1-9 立面图（2）

（五）剖面详图

剖面详图主要反映装修细部的材料使用、安装结构、施工工艺和细部尺寸。通过对剖面详图的设计和对装修细部的材料使用及对安装结构和施工工艺进行分析，作出满足设计要求、符合施工工艺、达到最佳施工经济成本的设计方案。剖面详图应能作为控制施工质量、指导施工作业的依据。

绘制剖面详图的依据是建筑装修工程的相关标准、规范、做法以及室内设计中要求详尽反映的部位。通常在装修平面、天花平面图和立面图中，对需要进一步详细说明的部位进行标注索引，详图可以在本图绘制，也可以另图绘制或者在标准图中绘制。剖面详图有反映安装结构的，它表达的是安装基础—装修结构—装修基层—装修饰面的结构关系，如墙裙、门套、石材干挂墙等；也有反映细部做法的，它表达的是细部的加工做法，如木线的造型尺寸、地面材料拼花等。为了使剖面图清晰地表达细部结构及尺寸，一般所采用的比例为 1:1 ~ 1:15。如图 1-10、图 1-11 所示。

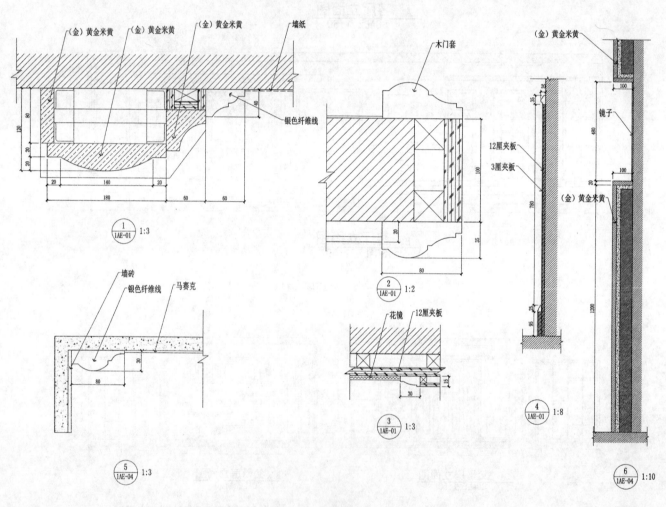

图 1-10　剖面详图（1）

四、设计实施阶段

设计实施阶段也是工程的施工阶段。室内工程施工前，在建设单位的组织下，设计人员应向施工单位进行设计意图说明及图纸的技术交底，对设计意图、特殊做法作出说明，对材料选用和施工质量等方面提出要求。工程施工方需按图纸要求核对施工实况，有时还需根据现场实际情况对图纸进行局部修改或补充。施工结束时，应同质检部门和建设单位一同进行工程验收。

室内设计人员必须了解各阶段的各环节，充分重视设计、施工、材料、设备等各方面，并熟悉、重视与原建筑物的建筑设计、设施设计的衔接，同时还须协调好与建设单位及施工单位之间的关系，在设计意图和构思方面达成共识，以期取得预期的设计效果。

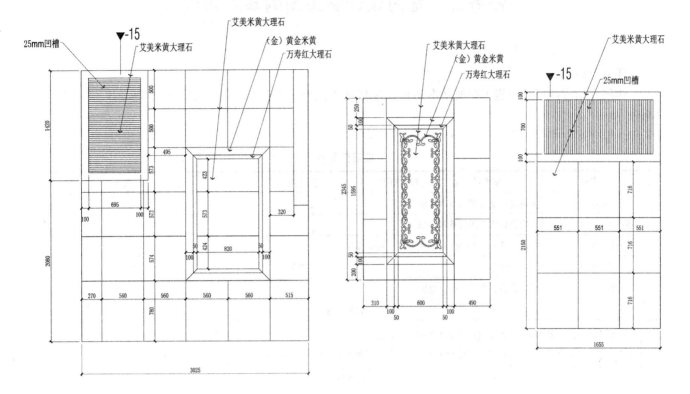

图 1-11 剖面详图（2）

任务二　室内设计施工图的基本知识

任务要点

详细介绍室内设计中施工图的基本知识，包括施工图的主要作用、施工图的种类以及施工图的组成部分。

项目任务书

任务名称	室内设计施工图的基本知识	任务编号		时间要求	
要求	室内设计施工图的基本知识				
重点培养的能力	室内设计施工图的基本知识				
涉及知识	室内设计施工图的作用、种类以及组成部分				
教学地点	教室、机房	参考资料			
教学设备	投影设备、投影幕布、电脑				

训练内容

1. 老师通过结合相关图片案例讲解室内设计施工图的基本知识
2. 提出问题及老师答疑。学生提出在学习过程中遇到的问题，老师对提出的问题作出解答

训练要求

通过对实例的学习，学生了解施工图的作用，掌握施工图的组成部分

成果要求及评价标准

成果要求：

　1. 学生能说出施工图的基本作用

　2. 老师提供图纸，学生能够指出图纸属于施工图的哪个组成部分

评价标准：

　准确把握案例的基本思路，表述准确无误

综合学生的具体表现，对学生进行评分：90～100分优秀；80～89分良好；70～79分中等；60～69分合格；60分以下不合格

项目组评价		总分	
教师评价			

项目实施计划书

项目任务与内容	教师工作任务	学生学习任务	实施地点	实施时间
制订目标、计划	布置课题、下发任务	1. 阅读任务书，明确项目任务 2. 确定学习目标，制订项目实施计划 3. 分项目组，制订项目组计划	机房	
讲解室内施工图的相关知识，解答相关疑问	1. 现场指导，解答学生遇到的问题 2. 管理实训课堂纪律	项目组经过学习，掌握室内设计施工图相关知识	机房	
项目实训	提出案例及问题	解答案例中遇到的问题		
学生自评与互评	1. 现场指导，解答学生遇到的问题 2. 管理实训课堂纪律	1. 学生自我评价 2. 小组互评	机房	
教师讲评	老师对整个实训进行综合性的总结、讲评			

施工图是表示工程项目总体布局，建筑物的外部形状、内部布置、结构构造、内外装修、材料做法以及设备、施工等要求的图样。施工图具有图纸齐全、表达准确、要求具体的特点，是进行工程施工、编制施工图预算和施工组织设计的依据，也是进行技术管理的重要技术文件。一套完整的施工图一般包括建筑施工图、结构施工图、给排水、采暖通风施工图及电气施工图等专业图纸，也可将给排水、采暖通风和电气施工图合在一起，它们统称设备施工图。

一、施工图的主要作用

施工图是表达设计者设计意图的主要手段之一，是设计者与各相关专业之间进行交流的标准化语言，是控制施工现场能否充分正确理解、消化并实施设计理念的一个重要环节，是衡量一个设计团队的设计管理水平是否专业的一个重要标准。专业化、标准化的施工图操作流程不但可以帮助设计者深化设计内容，完善构思想法，同时面对大型公共设计项目及大量的设计订单，行之有效的施工图与管理亦可帮助设计团队在保持设计品质及提高工作效率方面起到积极、有效的作用。

二、施工图的种类及组成

一套完整的施工图，根据其专业内容或作用的不同，一般分为：

（1）图纸目录：先列新绘制的图纸，后列所选用的标准图纸或重复利用的图纸。方便查找相关图纸位置。

（2）设计总说明：内容一般应包括施工图的设计依据、本工程项目的设计规模和建筑面积、本项目的相对标高与总图绝对标高的对应关系；室内室外的用料说明，如砖标号、砂浆标号、墙身防潮层、地下室防水、屋面、勒脚、散水、台阶、室内外装修等。

（3）建筑施工图（简称建施）：包括总平面图、平面图、立面图、剖面图和构造详图。

（4）结构施工图（简称结施）：包括结构平面布置图和各构件的结构详图。

（5）设备施工图（简称设施）：包括给排水、采暖通风、电气设备等的布置平面图和结构详图。

任务三 施工图制图中常见的符号及图例

任务要点

详细介绍施工图绘制中常见的符号及图例，并详尽介绍每个符号及图例的具体意义及用法。

项目任务书

任务名称	施工图制图中常见的符号及图例	任务编号		时间要求	
要求	认识室内设计施工图制图中常见的符号及图例，并能指出其具体用法				
重点培养的能力	认识施工图制图中的常见符号及图例				
涉及知识	施工图制图中常见符号及图例				
教学地点	教室、机房	参考资料			
教学设备	投影设备、投影幕布、电脑				

训练内容

1. 老师通过理论结合相关图片案例，讲解室内设计施工图制图中常见的符号及图例
2. 提出问题及老师答疑。学生提出在学习过程中遇到的问题，老师对提出的问题作出解答

训练要求

通过对实例的学习，学生能够认识各种常见符号及图例，并能说出其具体用法

成果要求及评价标准

成果要求：

  1. 学生认识各种施工图中常见符号及图例

  2. 老师提供图纸，学生能够指出图纸中所用的符号，并详细讲解其作用

评价标准：

  准确把握案例的基本思路，表述准确无误

  综合学生的具体表现，对学生进行评分：90~100分优秀；80~89分良好；70~79分中等；60~69分合格；60分以下不合格

项目组评价			
教师评价		总分	

项目实施计划书

项目任务与内容	教师工作任务	学生学习任务	实施地点	实施时间
制订目标、计划	布置课题、下发任务	1. 阅读任务书，明确项目任务 2. 确定学习目标，制订项目实施计划 3. 分项目组，制订项目组计划	机房	
讲解室内施工图制图中的各种常见符号及图例，解答相关疑问	1. 现场指导，解答学生遇到的问题 2. 管理实训课堂纪律	项目组经过学习，熟悉施工图制图中各种常见符号及图例，并大致掌握各种符号及图例的作用	机房	
项目实训	提出案例及问题	解答案例中遇到的问题		
学生自评与互评	1. 现场指导，解答学生遇到的问题 2. 管理实训课堂纪律	1. 学生自我评价 2. 小组互评	机房	
教师讲评	老师对整个实训进行综合性的总结、讲评			

一、施工图绘制工具

施工图绘制最常用的软件为 AutoCAD，AutoCAD（Auto Computer Aided Design），其是美国 Autodesk 公司首次于 1982 年开发的自动计算机辅助设计软件，用于二维绘图、详细绘制、设计文档和基本三维设计。

工程制图：建筑工程、装饰设计、环境艺术设计、水电工程、土木施工等。

工业制图：精密零件、模具、设备等。

服装加工：服装制版。

电子工业：印刷电路板设计。

AutoCAD 广泛应用于土木建筑、装饰装潢、城市规划、园林设计、电子电路、机械设计、服装鞋帽、航空航天、轻工化工等诸多领域。

二、图纸幅面

（一）图纸规格

图纸规格是指图纸本身的规格尺寸，也就是我们常说的图框，为了合理使用并便于图纸管理装订，室内设计制图的图纸幅面规格尺寸沿用建筑制图的国家标准，见表 1-1、图 1-12 的规定及格式。

表 1-1　图纸幅面及图框尺寸（mm）

尺寸代号	幅面代号				
	A0	A1	A2	A3	A4
$b \times L$	841 × 1189	594 × 841	420 × 594	297 × 420	210 × 297
c	10			5	
a	25				

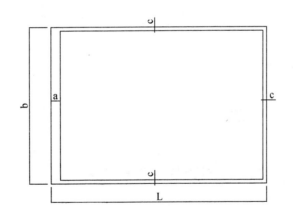

图 1-12　图纸幅面标号

图纸短边不得加长，长边可加长，加长尺寸应符合表 1-2 的规定。

表 1-2　图纸长边加长尺寸（mm）

幅面尺寸	长边尺寸	长边加长后尺寸
A0	1189	1486、1635、1783、1932、2080、2230、2378
A1	841	1051、1261、1471、1682、1892、2102
A2	594	743、891、1041、1189、1338、1486、1635、1783、1932
A3	420	630、841、1051、1261、1471、1682、1892

（二）标题栏与会签栏

标题栏的主要内容包括设计单位名称、工程名称、图纸名称、图纸编号以及项目负责人、设计人、绘图人、审核人等。如有备注说明或图例简表也可视其内容设置其中，标题栏的长宽与具体内容可根据具体工程项目进行调整。

以下以 A2 图幅为例，常见的标题栏布局形式参见图 1-13。

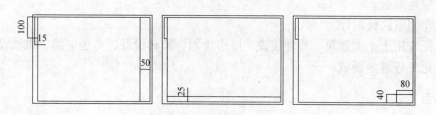

图 1-13　标题栏布局

室内设计中的设计图纸一般需要审定，水、电、消防等相关专业负责人要会签，这时可在图纸装订一侧设置会签栏，不需要会签的图纸可不设会签栏。

三、详图索引符号及详图符号

室内平面图、立面图、剖面图中，经常需要在另设详图表示的部位标注一个索引符号，以表明该详图的具体位置，这个索引符号就是详图的索引符号。详图索引符号采用细实线绘制，A0、A1、A2 图幅索引符号的圆的直径为 12mm，A3、A4 图幅索引符号的圆的直径为 10mm，如图 1-14 所示。

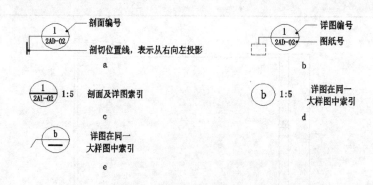

图 1-14　详图索引符号

四、引出线

引出线是用于详图符号、标高等符号的索引，引出线圆点尺寸和引出线长短可根据图幅大小比例进行调节，引出线在标注时应保证清晰、整齐，在满足标注准确的前提下，尽量保证图面整洁、干净、美观。如图 1-15 为常见的引出线标注形式。

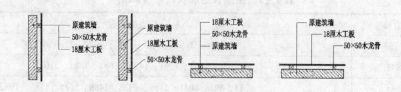

图 1-15　引出线标注形式

五、立面索引图符号

在房屋建筑中，根据具体情况需要用竖向的面来表达空间的高度、造型的位置尺寸以及装饰物的位置等，这就需要使用到立面索引符号。一般立面索引符号包括视点位置、方向及编号，从而建立平面图和立面图之间对应的关系。立面索引符号如图1-16所示，立面索引符号具体应用如图1-17所示，图中编号用英文字母或者阿拉伯数字表示，黑色的箭头表示方向。

图1-16 立面索引符号

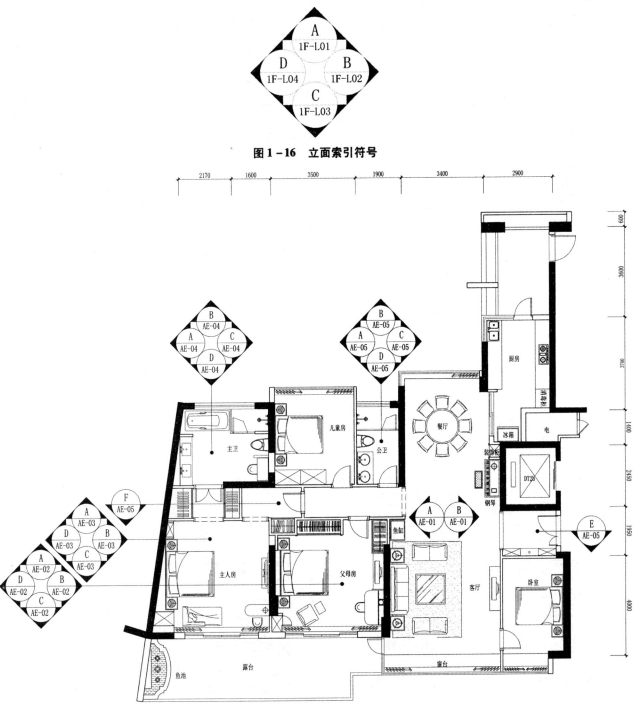

图1-17 立面索引符号具体应用

六、室内设计常用的符号图例

室内设计常用的符号图例如表1-3所示。

表1-3　室内设计常用的符号图例

符　号	说　明	符　号	说　明
12.00	建筑楼层标高（m）	**平面布置图** SCALE　1：100	图纸名称和比例
▼+300	地面水平标高		检修口
CB3000	天花相对标高		窗帘
→	找坡方向		地漏
	起铺点，用于地面铺设时标注开始位置		疏散指示灯
	600×600灯盘		排气扇
	卡式风机	R	空调回风口
	单开门	P	空调出风口
	双开门		电梯

七、室内设计常用的材料符号

室内设计常用的材料符号如表1-4所示。

表1-4　室内设计常用的材料符号

材料图例	说　明	材料图例	说　明
	混凝土（剖面）		钢筋混凝土（剖面）
	石材（剖面）		石膏板（剖面）
	木材（剖面）		玻璃（剖面）
	金属（剖面）		胶合板（剖面）
	防水防潮层（剖面）		多孔材料（剖面）
	大理石		扣皮

材料图例	说 明	材料图例	说 明
	文化石		地毯
	木纹		墙纸
	编织物		木地板

八、文字标注：文字高度形式符号的设置

文字标注时应尽量在尺寸界线内，尽量不要与尺寸界线交叉，标注内容应尽量详尽。

图样中的汉字应采用简化汉字，字体为 Windows 系统自带的宋体字，常用字高为 1.8mm、2.0mm、2.5mm、3.5mm、4mm、5mm、7mm、10mm、14mm、20mm 等。

九、线型与笔宽的设置

线型与笔宽的设置在工程制图中是很重要的一个环节，它不仅确定了图形的轮廓、形式、内容，同时还表示一定的含义。

图线的宽度有粗线、中粗线和细线之分。粗线、中粗线和细线的线宽比大致为 4:2:1。每个图纸内容应根据复杂程度与比例大小，先确定基本线宽，然后按比例确定其他笔宽，同一张或一套图纸内相同比例或不同比例的各种图样应选用相同的线宽组。

常用的线宽线宽组如表 1-5 所示。

表 1-5 常用的线宽组

线宽比	线宽组					
b	2.0	1.4	1.0	0.7	0.5	0.35
0.5b	1.0	0.7	0.5	0.35	0.25	0.18
0.25b	0.5	0.35	0.25	0.18	0.18	0.01
图幅	A0、A1（总图）			A1、A2		A3、A4

在电脑绘图过程中，线型比例的设置与笔宽的设置多随图层属性设定。如表1-6所示。

表1-6　线型比例与笔宽

名称	线型	电脑线型名称	笔宽	用　途
实线	▬▬▬▬▬	Continuous	b	主要可见轮廓线，装修完成面剖面线
	─────	Continuous	0.5b	空间内主要转折面及物体线角等外轮廓线
	─────	Continuous	0.25b	地面分割线、填充线、索引线等
虚线	▬ ▬ ▬ ▬	Dash	b	详图索引、外轮廓线
	─ ─ ─ ─	Dash	0.5b	不可见轮廓线
	------------	Dash	0.25b	灯槽、暗藏灯带等
单点划线	▬ · ▬ · ▬	Center	b	图样索引的外轮廓线
	─ · ─ · ─	Center	0.5b	图样填充线

十、比例的设置

图样的比例应为与图形实际物体相对应的线性尺寸之比，比例的大小是指其比值大小，如1:5大于1:10。

比例的符号为"："，比例应以阿拉伯数字表示，如1:1，1:2，1:10等。

绘图所用的比例应根据图样的用途及图样的复简程度来确认，如表1-7所示。

表1-7　室内绘图常用的比例

常用比例	1:1、1:2、1:5、1:10、1:20、1:50、1:100、1:150、1:200、1:500、1:1000
可用比例	1:3、1:4、1:6、1:15、1:25、1:30、1:40、1:60、1:80、1:250、1:300、1:400、1:600

应用图样范围：

建筑总图：1:500、1:1000

总平面图：1:50、1:100、1:200、1:300

分区平面图：1:50、1:100

分区立面图：1:25、1:30、1:50

详图大样：1:1、1:2、1:5、1:10

十一、图面构图布局

常见的图面构图有以下几种布局形式，如图1-18所示。

A的值可根据图名文字的多少调整，当图幅为A0、A1、A2时，B的值为18mm；当图幅为A3、A4时，B的值为15mm。

图面绘制的图样不论其内容是否相同（如同一图面内可包含平面图、立面图或立面图、大样图等）或其比例有所不同（同一图面可包含不同比例），其构图形式都应遵循整齐、均布、和谐、美观的原则。

图面内的数字标注、文字标注、符号索引、图样名称、文字说明都应按以下规定执行：

（1）数字标注与文字索引、符号索引尽量不要交叉。

（2）图面的分割形式可因不同内容、数量及比例调整，但构图中图样名称分割线的高度却可依图幅大小而保持一致。

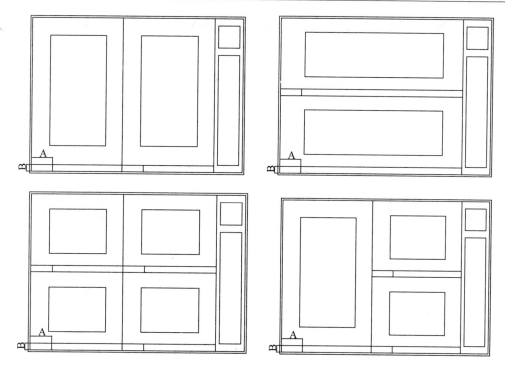

图 1 - 18　图面构图布局

十二、施工图的编制顺序

室内设计项目的规模大小、繁简程度各有不同，但其成图的编制顺序应遵守统一的规定。一般来说，成套的施工图包含以下内容：封面、目录、设计说明、图表、平面图、立面图、节点大样详图、配套专业图纸。

（1）封面：项目名称、业主名称、设计单位、成图依据等。如图 1 - 19 所示。

图 1 - 19　封面

（2）目录：项目名称、序号、图号、图名、图幅、图号说明、图纸内部修订日期、备注等。如图1－20所示。

图纸目录

张号	图纸编号	图纸名称	比例	尺寸	出图日期	张号	图纸编号	图纸名称	比例	尺寸	出图日期
01		设计说明	如图所示	A3	08/03/19	大样					
02		图纸目录	如图所示	A3	08/03/19	29	ID-2F-01	新中街住宅小区B户型大样图	如图所示	A3	08/03/19
03		材料表	如图所示	A3	08/03/19	30	ID-2F-02	新中街住宅小区B户型大样图	如图所示	A3	08/03/19
平面						31	ID-2F-03	新中街住宅小区户型大样图	如图所示	A3	08/03/19
04	FF-2F-01	新中街住宅小区B户型平面布置图	如图所示	A3	08/03/19	32	ID-2F-04	新中街住宅小区B户型大样图	如图所示	A3	08/03/19
05	RC-2F-01	新中街住宅小区B户型天花索引图	如图所示	A3	08/03/19	33	ID-2F-05	新中街住宅小区B户型大样图	如图所示	A3	08/03/19
06	RC-2F-02	新中街住宅小区户型天花布置图	如图所示	A3	08/03/19	34	ID-2F-06	新中街住宅小区B户型大样图	如图所示	A3	08/03/19
07	RC-2F-03	新中街住宅小区B户型天花定位图	如图所示	A3	08/03/19	35	ID-2F-07	新中街住宅小区B户型大样图	如图所示	A3	08/03/19
08	RC-2F-04	新中街住宅小区B户型灯具定位图	如图所示	A3	08/03/19	36	ID-2F-08	新中街住宅小区B户型大样图	如图所示	A3	08/03/19
09	RC-2F-05	新中街住宅小区B户型开关布线图	如图所示	A3	08/03/19	37	ID-2F-09	新中街住宅小区B户型大样图	如图所示	A3	08/03/19
10	RC-2F-06	新中街住宅小区B户型空调示意图	如图所示	A3	08/03/19	38	ID-2F-10	新中街住宅小区B户型大样图	如图所示	A3	08/03/19
11	FC-2F-01	新中街住宅小区B户型地面铺装图	如图所示	A3	08/03/19	39	ID-2F-11	新中街住宅小区B户型大样图	如图所示	A3	08/03/19
12	AR-2F-01	新中街住宅小区B户型墙体定位图	如图所示	A3	08/03/19	40	ID-2F-12	新中街住宅小区B户型大样图	如图所示	A3	08/03/19
13	EM-2F-01	新中街住宅小区B户型插座布置图	如图所示	A3	08/03/19	41	ID-2F-13	新中街住宅小区B户型大样图	如图所示	A3	08/03/19
14	EM-2F-02	新中街住宅小区B户型排水点位图	如图所示	A3	08/03/19	42	ID-2F-14	新中街住宅小区B户型大样图	如图所示	A3	08/03/19
15	EM-2F-03	新中街住宅小区B户型暖气布置图	如图所示	A3	08/03/19	43	ID-2F-05	新中街住宅小区B户型大样图	如图所示	A3	08/03/19
16	EM-2F-04	新中街住宅小区B户型热水器位置图	如图所示	A3	08/03/19	44	ID-2F-16	新中街住宅小区B户型大样图	如图所示	A3	08/03/19
立面						45	ID-2F-17	新中街住宅小区B户型大样图	如图所示	A3	08/03/19
17	IE-2F-01	新中街住宅小区B户型客厅立面图	如图所示	A3	08/03/19	46	ID-2F-18	新中街住宅小区B户型大样图	如图所示	A3	08/03/19
18	IE-2F-02	新中街住宅小区B户型客厅立面图	如图所示	A3	08/03/19	47	ID-2F-19	新中街住宅小区B户型大样图	如图所示	A3	08/03/19
19	IE-2F-03	新中街住宅小区B户型过道立面图	如图所示	A3	08/03/19	48	ID-2F-20	新中街住宅小区B户型大样图	如图所示	A3	08/03/19
20	IE-2F-04	新中街住宅小区B户型主卧立面图	如图所示	A3	08/03/19	49	ID-2F-21	新中街住宅小区B户型大样图	如图所示	A3	08/03/19
21	IE-2F-05	新中街住宅小区B户型主卧立面图	如图所示	A3	08/03/19						
22	IE-2F-06	新中街住宅小区B户型次卧立面图	如图所示	A3	08/03/19						
23	IE-2F-07	新中街住宅小区B户型次卧立面图	如图所示	A3	08/03/19						
24	IE-2F-08	新中街住宅小区B户型书房立面图	如图所示	A3	08/03/19						
25	IE-2F-09	新中街住宅小区B户型主卫立面图	如图所示	A3	08/03/19						
26	IE-2F-10	新中街住宅小区户型次卫立面图	如图所示	A3	08/03/19						
27	IE-2F-11	新中街住宅小区B户型次卫立面图	如图所示	A3	08/03/19						
28	IE-2F-12	新中街住宅小区B户型厨房立面图	如图所示	A3	08/03/19						

备注　平面-P　立面-E　电气EL　大样-D

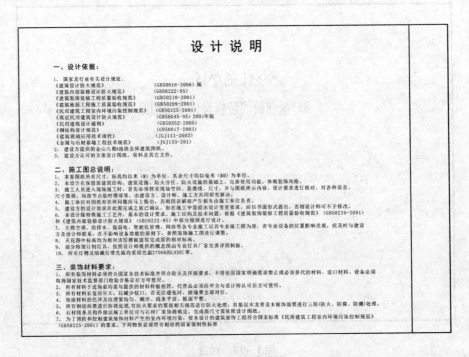

图1－20　目录

（3）设计说明：项目名称、项目概况、设计规范、设计依据、常规做法说明，关于防火、环保等方面的专篇说明。如图1－21所示。

（4）图表：材料表、门窗表（含五金件）、洁具表、家具表、灯具表等内容。

设计说明

一、设计依据：

1、国家及行业有关设计规范。
《建筑设计防火规范》　(GB50016-2006)版
《建筑内部装修设计防火规范》　(GB50222-95)
《建筑装饰装修工程质量验收规范》　(GB50210-2001)
《建筑地面工程施工质量验收规范》　(GB50209-2001)
《民用建筑工程室内环境污染控制规范》　(GB50325-2001)
《高层民用建筑设计防火规范》　(GB50045-95) 2001年版
《民用建筑设计通则》　(GB50352-2005)
《钢结构设计规范》　(GB50017-2003)
《建筑玻璃应用技术规程》　(JGJ113-2003)
《金属与石材幕墙工程技术规范》　(JGJ133-201)
2、建设方提供的金山八期A地块会所建筑图纸。
3、建设方认可的方案设计图纸，资料及其它文件。

二、施工图总说明：

1、本套图纸所有尺寸，标高均以米（M）为单位，其余尺寸均以毫米（MM）为单位。
2、本设计在保留原建筑结构、建筑设施、防火分区、防火设施的基础上，完善使用功能，体现装饰风格。
3、施工人员进入现场施工时，首先必须核实现场空间、基准线、尺寸，并与图纸所示内容、设计要求进行核对，对各种误差、尺寸微调、局部节点临时增项等，由建设方、设计师、施工方共同研究解决。
4、施工单位对图纸有任何问题应马上提出，否则因误解而产生损失由施工单位负责。
5、建设方的设计要求在此图完成之前已确认，如在施工中需提出设计变更要求，应以书面形式提出，否则设计师可不予修改。
6、本设计除特殊施工工艺外，基本的设计要求、施工结构及技术问题，依据《建筑装饰装修工程质量验收规范》(GB50210-2001)和《建筑内部装修设计防火规范》(GB50222-95)中部分细则进行设计。
7、大楼空调、给排水、强弱电、智能化管理、网络等各专业施工以其专业施工图为准，若专业设备的位置影响美观，应及时与建设方及设计师联系，在不影响设备效能的原则下，参照装饰施工图进行调整。
8、天花图中标高均为相对该层楼板建筑完成面的相对标高。
9、部分特别订制灯具，按照设计师提供的概念图由专业灯具厂家完善详图制做。
10、所有灯槽及暗藏灯带光源均采用色温2700K的LED灯带。

三、装饰材料要求：

1、所有装饰材料必须符合国家各技术标准并符合防火及环保要求，不得使用国家明确要求禁止或必须替代的材料，进口材料、设备必须取得国家技术监督部门检验合格证后方可使用。
2、所有材料于进场前均需与提供的材料样板相符，代替品必须经甲方与设计师认可后方可使用。
3、所有材料长宽应尽大，以减少驳口，若无法避免时，接缝要全部对位。
4、饰面材料的色泽及纹理要均匀、顺序、线条平直、板面平整。
5、所有钢结构要进行防锈处理，有防火要求的要按相关规范进行防火处理；有基层木龙骨及木板饰面要进行三防(防火、防腐、防潮)处理。
6、石材线条及构件做法施工单位可与石材厂家协商确定，完成面尺寸需依照设计图纸。
7、为了预防和控制建筑装饰材料产生的室内环境污染，使本设计的建筑装饰工程符合国家标准《民用建筑工程室内环境污染控制规范》(GB50325-2001)的要求，下列物资必须符合相应的国家强制性标准

图1－21　设计说明

（5）平面图：总平面图包括总建筑隔墙平面图、总家具布局平面图、总地面铺装平面图、总天花造型平面图、总机电平面图等内容。分区平面图包括分区建筑隔墙平面图、分区家具布局平面图、分区地面铺装平面图、分区天花造型平面图、分区灯具图、分区机电插座图、分区下水点位图、分区开关连线平面图、分区艺术的陈设平面图等内容。可根据不同项目内容有所增减。

（6）立面图：装修立面图、家具立面图、机电立面图。

（7）节点大样详图：构造详图、图样大样等内容。

（8）配套专业图纸：风、水、电等相关配套专业图纸。

项目二　居室装饰施工图的绘制

任务一　了解客户需求及设计方案的确定

知识目标

通过具体案例的学习，了解如何收集客户需求及相关信息，并将信息转化为设计方案。

技能目标

通过学习，掌握如何与客户进行沟通，收集客户需求信息，并将收集的信息通过设计方案表现出来。

任务要点

详细介绍室内设计前期如何与客户沟通，了解客户需求，收集相关资料，根据所收集的信息，启发设计灵感，进而形成方案。

项目任务书

任务名称	了解客户需求及设计方案的确定	任务编号		时间要求	
要求	1. 前期与客户沟通，收集相关资料及信息 2. 设计方案的形成				
重点培养的能力	如何把握客户的需求，进而将需求转化为方案				
涉及知识	收集客户信息及方案的形成				
教学地点	教室、机房	参考资料			
教学设备	投影设备、投影幕布、电脑				

训练内容

1. 老师对案例进行分析，讲解前期如何与客户沟通，及方案的形成
2. 课堂练习。对学生进行分组，安排学生的课堂练习
3. 提出问题及老师答疑。学生提出在学习过程中遇到的问题，老师对提出的问题作出解答

训练要求

通过对实例的学习，学生能够从相关案例中收集客户的需求信息并经过提炼形成方案

成果要求及评价标准

成果要求：

 1. 老师提出一个具体案例，学生能从中收集客户相关需求信息

 2. 根据具体案例，学生能经过整理提炼，形成自己的方案

评价标准：

 1. 准确把握案例的基本思路，收集客户的相关需求信息

 2. 对收集的信息能进行提炼，从而形成方案

综合学生的具体表现，对学生进行评分：90~100分优秀；80~89分良好；70~79分中等；60~69分合格；60分以下不合格

项目组评价		总分	
教师评价			

项目实施计划书

项目任务与内容	教师工作任务	学生学习任务	实施地点	实施时间
制订目标、计划	布置课题、下发任务	1. 阅读任务书，明确项目任务 2. 确定学习目标，制订项目实施计划 3. 分项目组，制订项目组计划	机房	
讲解案例	1. 现场指导，解答学生遇到的问题 2. 管理实训课堂纪律	1. 项目组经过学习，了解客户需求信息 2. 学习如何将客户需求转化为设计方案	机房	
项目实训	提出案例及问题	解答案例中遇到的问题		
学生自评与互评	1. 现场指导，解答学生遇到的问题 2. 管理实训课堂纪律	1. 学生自评 2. 小组互评	机房	
教师讲评	老师对整个实训进行综合性的总结、讲评			

一、前期调研、了解客户需求

客户的基本信息：这类信息比较好了解，通过观察、沟通就能了解得比较全面。一般来说，要搜集客户的以下基本信息：性别、年龄、民族、身高、文化、工作单位、职务、特长、兴趣爱好、家人（数量、年龄、身高、文化、爱好）、联系方式（家庭电话、办公电话、手机、邮箱、QQ）等。还可以了解客户对装修的认识，如：装修日期（着急程度、何时入住）、装修选择（施工队、其他装修公司数量、第几个接触者）等。

客户性别：这是最好了解的，但是要分清楚你接触的客户是不是在家里是最终的决策者，比方说，有些女客户过来了解装修，与你接触的虽是她，但她并不是最后的装修决定者，因此，你就要调整客户的对象。一般来说，性别不同，在性格上心理上的需求也就会不同，要注意分析。

客户年龄：不同年龄段的客户，其家装心理也不一样。20～30岁的客户，经济基础比较差，方案应经济实惠同时还带着时尚美感，他们多倾向于现代风格，玻璃、金属感比较容易接受。30～40岁的客户，是属于压力最大的社会群体，既要维持生计，还要抚养子女、赡养父母，在单位工作的压力也比较大。所以，这一部分客户在家装中，更多体现出来的是经济实用。40～50岁的客户，这一阶段的客户群，经济压力要比年轻人减小许多，随着心理心态的逐渐成熟，他们对家更注重品位。由于经济条件好，所以相对而言，他们的装修造价会比较高，经济已不是第一要素，品位逐渐成为家装第一要素。

50～60岁的客户，基本属于老年客户了，女性在这时会显得特别务实，讲求实用，家里多以各种柜子为主，因为他们可储藏的东西实在太多了，所以，装修时一定要考虑储物的需求。60岁以上客户，如果是普通工薪阶层，到了这个年龄段，他们的收入就不会太高了，所以装修更讲究实用，对环保虽有一定要求，但不是最重要的因素。

工作单位：在不同工作单位，客户对家装的要求或者说相处的方式也不一样。在政府机关工作，他的潜意识中就有一种当官的优越感，或者说潜意识中总想一步步往上提升，因此在设计中能打动他们的方案往往是比较传统的，比如中式或欧式风格；在沟通中，他们渴望得到的是一种尊敬、崇拜，一切都要顺着他的想法；在信仰上，他们更相信一些吉利数字，吉祥物……

个人职位：对设计师而言了解客户的职位有两个用处：一是知道他的身份地位，并借此推测他的经济条件和家装心理；二是更好地与客户进行沟通。比如，有的客户是政府官员，有的客户是企业老总，有的客户是部门经理，他们各自不同的职位，也就对应出各自不同的经济环境。

家庭背景：房子是给一家人居住的，因此除了了解客户的信息以外，还要综合考虑他的家人，最好是应用场景式设计，将他们全家都纳入设计方案当中，而不仅仅是为每个人设计他的房间。为父母设计一种家庭教育环境；为子女设计一种关心父母孝敬父母照顾老人生活的方案；为老人设计一种与子女团聚、与孙辈共玩乐的方案等。

装修日期：客户是不是急于装修，急于入住，这个信息也很重要。有些客户现在的房屋条件不好，因此在客户的潜意识中，有一种想搬进新居的强烈愿望；有些客户准备结婚，装修新房时间较紧迫，所以为他们争取时间，从装修时间上去满足客户。由于时间紧，他们可选择的空间就比较小，所以设计师要抓住这一点，尽量提前让他们看方案，然后在方案中对装修时间进行充分说明，以满足他们的需求。

性格分析：性格是人际交往的第一要素，不同的人有不同的性格，不同性格的人所喜爱的东西不一样，所对应的心理状态也就不一样，对人际交往的需求也就不一样。不了解别人的性格，与人交往想赢得别人好感的机会并不大。家装也是这样，每个客户都有不同的性格特点，要学会分析客户的性格，采取他所喜爱的方式与之交流。

（一）案例回顾

陈先生和刘小姐是一对新婚夫妇，他们俩希望能有一个自由且舒适的居住环境，他们希望整个家的氛围是大方而不是雅致，浪漫且温馨，有足够的阳光，具有很强的时代气息。双方的父母偶尔过来小住，短期内夫妻不打算要小孩。

通过现场拜访以及和夫妻的沟通得知：

其房屋建筑结构为：钢筋混凝土结构，坐北朝南。

夫妻俩虽都有稳定的收入，但他们都年轻，经济来源不是非常宽裕，所以在材料的选择上应以经济环保为首选，其次以实用为选择原则。

夫妻都有一定的艺术修养，喜欢浪漫有情调的氛围，根据现代社会的潮流和夫妻的具体情况，设计应以浪漫温馨的情调来展开。

（二）风格定位

业主是一对甜蜜的新婚夫妻，充满对生活的热爱与激情。虽然他们的工作已经非常稳定，但是21世纪的外在压力仍然很多，所以居室在不失浪漫的前提下，更要有缓解工作和生活压力，让人一回家就可以卸掉满身的工作疲惫和劳累，让身体与灵魂一同感受家的舒适与温馨。所以基本将设计的风格定位为自然风格。

自然风格运用天然的木、石、藤、竹等材质质朴的纹理，在室内环境中力求表现悠闲、舒畅、自然的田园生活情趣。不仅仅是以植物摆放来体现自然的元素，而是从空间本身、界面的设计乃至风格意境里所流淌的最原始的自然气息来阐释风格的特质。让业主可以在快节奏的生活环境下有一片舒畅的栖息之地，放下一切束缚，用灵魂感受崭新的生活。

二、设计方的确定

通过与业主夫妻的沟通，拿到房屋原始平面图纸，如图2-1所示。

由于只有夫妻两个人长期居住，双方父母偶尔过来小住，所以只需另外设计一个卧室作为客人或者家人偶尔过来时的居住空间。夫妻都具有高学历，喜爱读书，根据这个特点，考虑专门设计一个书房，用来收集夫妻平日喜爱的书籍以及一些珍贵艺术品。根据夫妻双方的需求，结合实际情况，初步空间功能分区如图2-2所示。

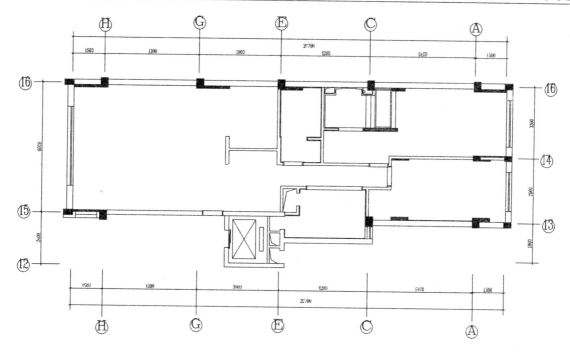

图 2-1　房屋平面图

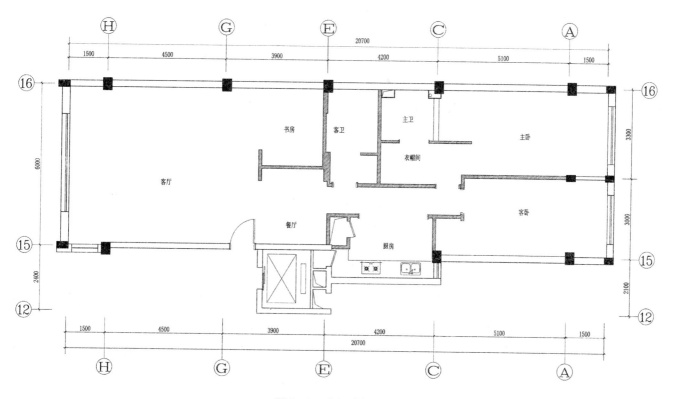

图 2-2　空间功能分区

在完成空间分区之后，就可以开始室内平面布局了。

1. 客厅设计

客厅是家庭成员聚会和交流的主要场所，也是接待客人的主要场所，在设计时采用组合沙发围合成聚谈区域来进行布置。由于客厅是室内主要的公共空间，家庭成员和客人在客厅待的时间也是所有空间中最多的，因此，在沙发正对面放置电视。从而，电视背景墙也成了整个客厅的视觉中心，当然也成了设计师需要重点设计的对象。

2. 餐厅设计

餐厅是家人用餐和宴请客人的场所。现代家居设计中，餐厅和客厅相连也是常见形式。在设计时往往需要根据空间的具体大小来进行分隔，例如设计隔断或者利用成品屏风，都是既实用又美观的做法。利用地面材料的不同来进行分隔，也是设计常用的手法。

在与业主夫妻沟通后得知，夫妻都不喜欢餐厅与厨房相通的设计方式，因为厨房太多油烟会破坏餐厅的浪漫氛围，因此在设计餐厅平面布置时，考虑放一张餐桌即可。

3. 厨房设计

由于业主及本空间的限制，厨房设计为封闭式。封闭式的厨房便于清洁，烹饪产生的油烟不会影响其他室内空间。在设计时充分考虑烹饪的操作顺序：清洗—切菜—烹饪，从而将洗菜盆和燃气灶的位置定下来。

4. 卧室设计

主卧室是私人生活空间，它应该满足男女主人双方情感和心理的共同需求及双方个性特点。设计时应以营造安静、舒适以及私密性等原则为设计准则。还需考虑夫妻衣物储藏以及女主人平日的梳妆习惯。客卧由于不是长期有人居住，设计时则可以相对简洁，只需满足空间私密、安静等基本要求即可。

5. 书房设计

书房是阅读、学习的场所。因此书房也是一个需要安静、舒适的独立空间。书房设计需要有能够收纳书籍的书柜或者书架，阅读或者学习的书桌或者椅子。阅读对空间光线和照明条件要求较高，因此采光设计也是书房重要的设计因素。

6. 卫生间设计

考虑到家里的实际情况，为本空间设计了主卫和客卫两个卫生间。主卫只服务于主人，客卫则与公共空间相连，供家庭成员或者其他客人使用。

经过对每个空间都进行了仔细分析并多次与业主沟通、修改，平面方案最终确定，如图2-3所示。

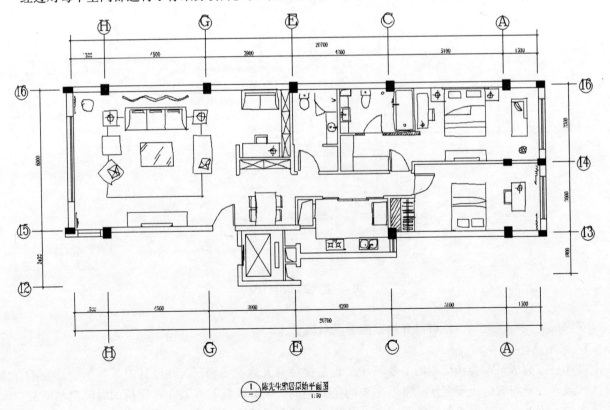

图 2-3　装修平面图

课后练习

对图 2-4 所示的平面进行功能分区，并设计简单的平面布置（手绘或者电脑均可）。图 2-5 可作参考。

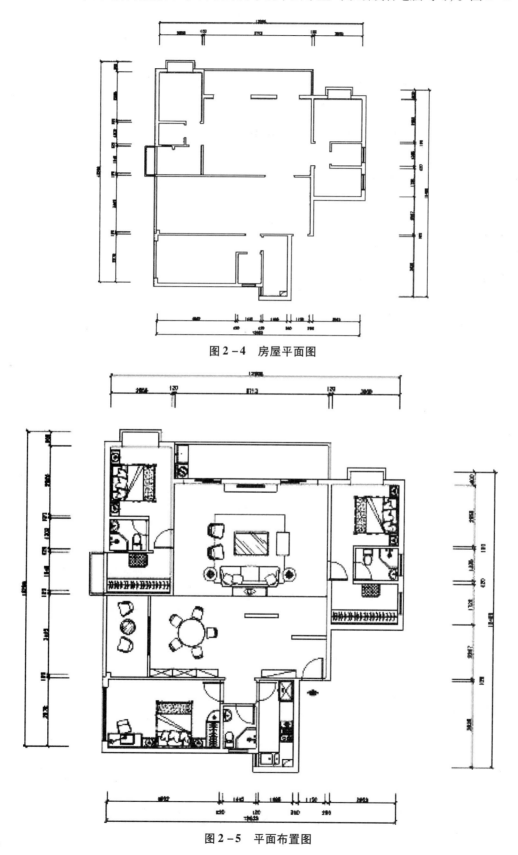

图 2-4 房屋平面图

图 2-5 平面布置图

任务二　平面布置图的绘制

知识目标
通过具体案例的学习，了解如何对方案进行深化，并用准确的图纸表达出来。

技能目标
通过学习，掌握如何将草图转化成精确的 AutoCAD 图纸。

任务要点
使用软件将草图转化成正规的 AutoCAD 图纸。

项目任务书

任务名称	平面布置图的绘制	任务编号		时间要求	
要求	1. 整理并深化草图 2. 利用 AutoCAD 绘制平面布置图				
重点培养的能力	利用 AutoCAD 绘制平面布置图				
涉及知识	AutoCAD 的运用				
教学地点	教室、机房	参考资料			
教学设备	投影设备、投影幕布、电脑				

训练内容

1. 老师对案例进行分析，讲解如何深化草图并绘制平面布置图
2. 课堂练习。对学生进行分组，安排课堂练习
3. 提出问题及老师答疑。学生提出在学习过程中遇到的问题，老师作出解答

训练要求

通过对实例的学习，学生对方案的设计有一定了解，能够设计简单的平面布置方案，并能用 AutoCAD 准确地绘制出来

成果要求及评价标准

成果要求：
　1. 学生能够对方案有一定的了解，能够利用软件绘制平面布置图
　2. 完成课后练习
评价标准：
　1. 对方案的把握基本准确，绘制的平面布置图符合人体工学
　2. 课后练习习题方案基本正确，无原则性错误
综合学生的具体表现，对学生进行评分：90～100 分优秀；80～89 分良好；70～79 分中等；60～69 分合格；60 分以下不合格

项目组评价		总分	
教师评价			

项目实施计划书

项目任务与内容	教师工作任务	学生学习任务	实施地点	实施时间
制订目标、计划	布置课题、下发任务	1. 阅读任务书，明确项目任务 2. 确定学习目标，制订项目实施计划 3. 分项目组，制订项目组计划	机房	
讲解案例	1. 现场指导，解答学生遇到的问题 2. 管理实训课堂纪律	1. 项目组经过学习，熟悉如何整理深化平面草图 2. 学习并掌握利用软件绘制平面布置图	机房	
项目实训	提出案例及问题	解答案例中遇到的问题		
学生自评与互评	1. 现场指导，解答学生遇到的问题 2. 管理实训课堂纪律	1. 学生自评 2. 小组互评	机房	
教师讲评	老师对整个实训进行综合性的总结、讲评			

一、草图深化

客厅空间比较大，可以在空的地方摆上绿植。书房处进一步设计与客厅隔开，以保证书房能够有独立的空间。客厅角落书房门口有多余的空间，可以放置一个矮柜来摆饰或者收纳一些客厅的常用物品。客卫里面入口处可以放置洗衣机，主卫浴缸前设计台阶，增添浪漫情怀。

二、平面布置图的绘制

1. 客厅

（1）在原始平面图的基础上，选择合适的图块，并放置好位置。如图 2 - 6 所示，放置客厅的组合沙发，位置基本位于整个客厅的中心。

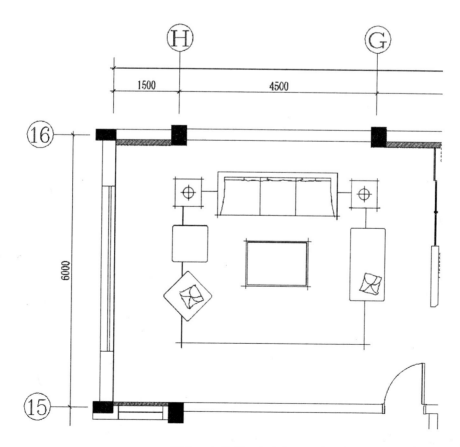

图 2-6 绘制组合沙发

（2）绘制沙发背后的屏风。首先利用矩形绘制其中一段屏风，矩形尺寸为 500×50，如图 2-7 所示。

图 2-7　屏风（1）

（3）将矩形旋转 20°，调整为如图 2-8 所示位置。

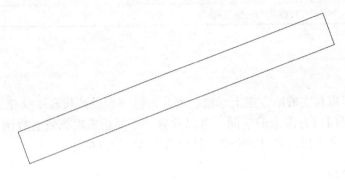

图 2-8　屏风（2）

（4）利用镜像命令，以经过矩形左上角点的垂直线为镜像轴线，绘制出另外一个对称的矩形，如图 2-9 所示。

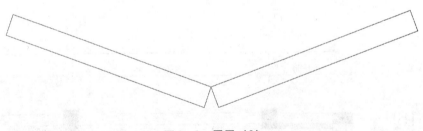

图 2-9　屏风（3）

（5）复制出另外的屏风，并移动到相应位置，屏风就绘制好了，如图 2-10 所示。

图 2-10　屏风（4）

（6）将屏风移动到沙发背后，并基本与沙发中心对齐，如图 2-11 所示。

（7）将电视机柜以及电视机放置进来（活动家具都为成品购买，不需要单独绘制，只需要调用图块即可），电视机中心与沙发中心对齐，如图 2-12 所示。

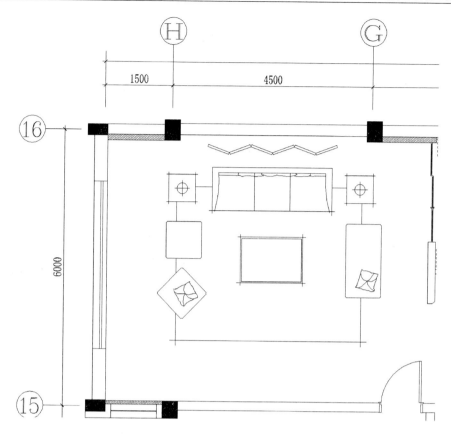

图 2-11 客厅布置图（1）

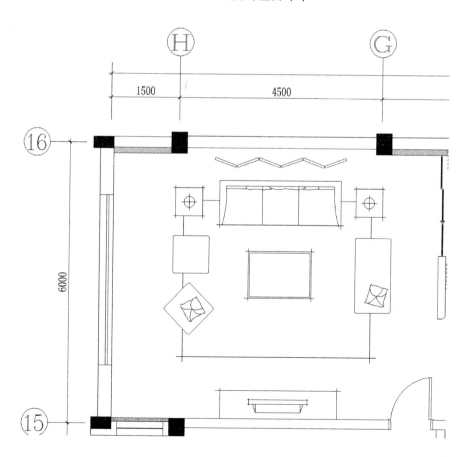

图 2-12 客厅布置图（2）

（8）在房间角落书房进门处放置一个矮柜，可以摆放一些常用物件，如电视机遥控器、空调遥控器或者其他具有装饰性质的物品，提升主人品位。在绘制时，只需绘制一个矩形，并将其中一条对角线连接起来（表示不到顶的活动家具，也有的连接两条对角线），如图 2－13 所示。

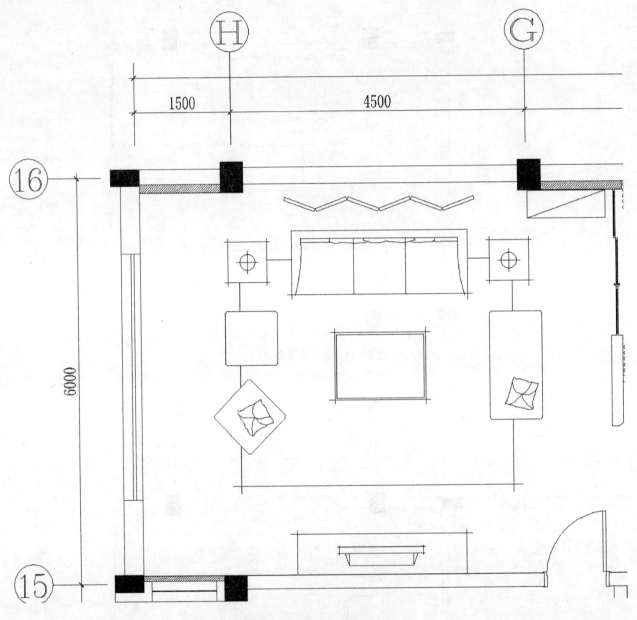

图 2－13　客厅布置图（1）

（9）添加其他一些装饰物件，如植物等，丰富画面层次，如图 2－14 所示。一般在有窗户的地方，都需要布置窗帘。

到此，客厅的平面布置图就绘制完成了。

2. 餐厅

餐厅的平面布置比较简单，直接选择合适的餐桌图块，摆放好位置即可，酒柜直接绘制矩形表示。书房一般需要定制书柜，在绘制平面布置时，可以根据初步方案，用矩形来代替书柜，而不必绘制出具体结构，如图 2－15 所示。接着同样是调用书桌图块和沙发图块，放置好位置，如图 2－16 所示，餐厅和书房平面布置就完成了。

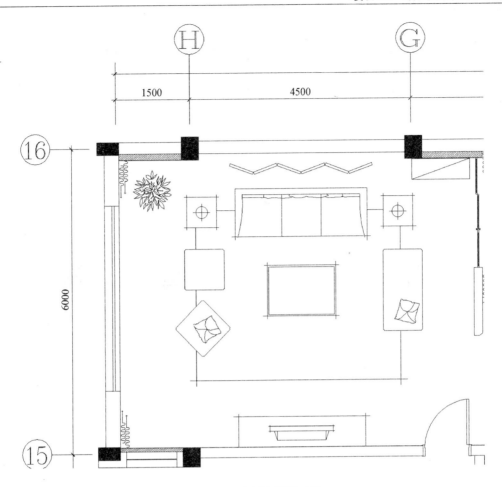

图 2-14 客厅布置图 (2)

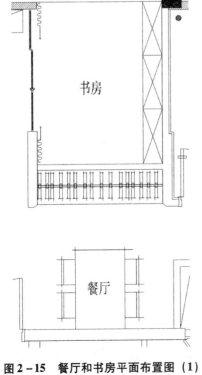

图 2-15 餐厅和书房平面布置图 (1)

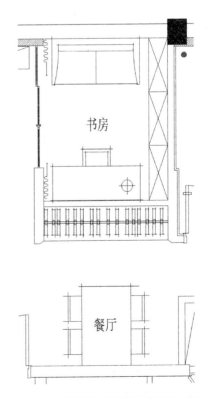

图 2-16 餐厅和书房平面布置图 (2)

室内设计施工图绘制

3. 卧室

由于卧室里没有特殊的造型，只需调用合适的家具图块（床、沙发、书桌等），布置好位置即可，卧室布置好后如图 2 – 17 所示。

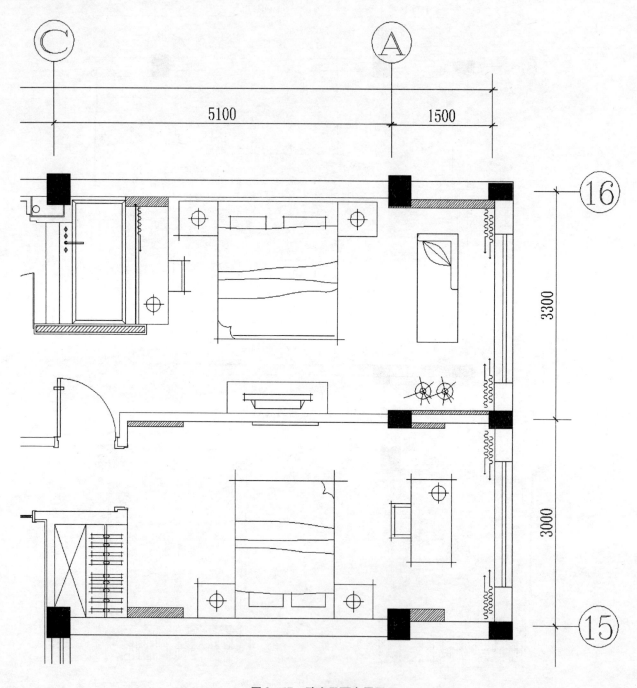

图 2 – 17　卧室平面布置图

4. 卫生间

卫生间的布置图绘制也比较简单，客卫进门处放置洗衣机，并摆放一盆绿植，增添空间生气，并按照设计将马桶和淋浴头放置好位置（均为图块），并绘制出淋浴区的玻璃隔断，最后按照设计位置绘制出洗手台（宽度一般为600mm，才能安装洗手盆，长度根据空间实际情况），此处设计宽度为450mm（洗手盆凸出），长度为1370mm，如图 2 – 18 所示。最后放置好洗手盆（洗手台的样式根据设计师设计绘制），客卫完成后如图 2 – 19 所示。

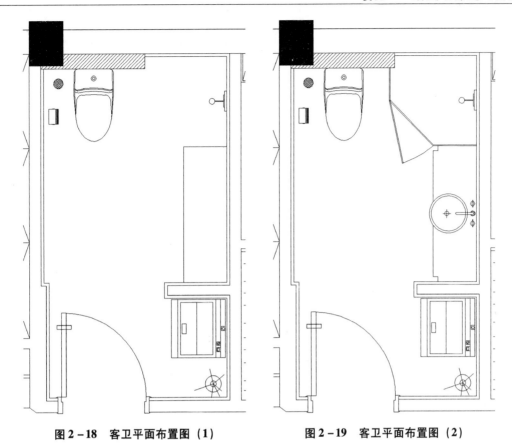

图 2-18 客卫平面布置图（1）   图 2-19 客卫平面布置图（2）

主卫平面布置方法也非常简单，主要利用合适图块放置好位置即可，没有复杂的造型，在此就不重述过程，最终绘制出的平面布置图如图 2-20 所示。

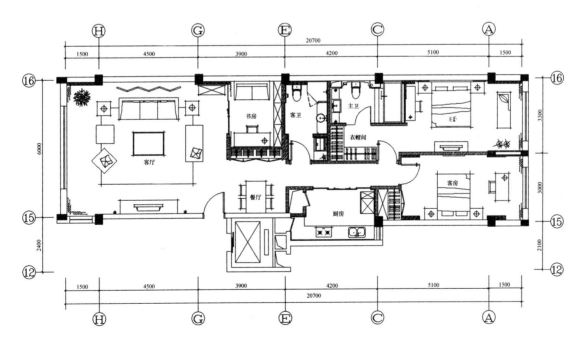

图 2-20 平面布置图（1）

在平面图中还应标明各个空间的名称、不同地面的标高（也可以在地面材料布置图中标注地面标高）、立面索引符号、详图索引符号、图名及图纸比例等。如图 2-21 所示。

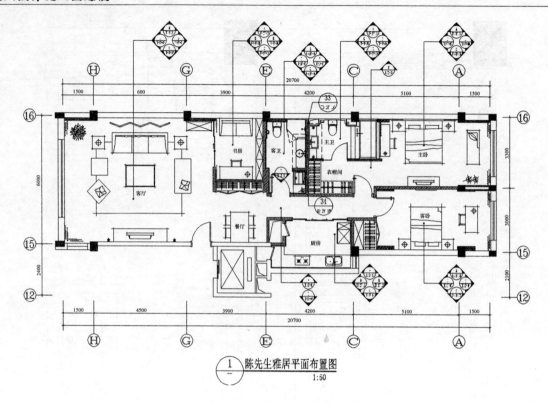

图 2-21　平面布置图（2）

注：立面索引根据每个图幅四个方向进行设置，最后可能要根据立面图的具体情况进行调整。

到此，平面布置图就基本绘制完成。

任务三　地面材料布置图的绘制

知识目标
通过具体案例的学习，了解如何对地面材料进行设计，并用准确的图纸表达出来。

技能目标
通过学习，掌握如何对地面材料进行设计，并能用软件准确无误地绘制出来。

任务要点
绘制地面材料布置图。

项目任务书

任务名称	地面材料布置图的绘制	任务编号		时间要求	
要求	1. 对地面材料进行设计 2. 利用 AutoCAD 绘制地面材料布置图				
重点培养的能力	利用 AutoCAD 绘制地面材料布置图				
涉及知识	AutoCAD 的运用				

教学地点	教室、机房	参考资料	
教学设备	投影设备、投影幕布、电脑		

训练内容

1. 老师对案例进行分析，讲解如何对地面材料进行设计，并演示软件绘制地面材料布置图

2. 课堂练习。对学生进行分组，安排课堂练习

3. 提出问题及老师答疑。学生提出在学习过程中遇到的问题，老师作出解答

训练要求

通过对实例的学习，学生对方案的设计有一定了解，能够依照案例对空间地面进行材料设计，并能够用软件绘制地面材料布置图

成果要求及评价标准

成果要求：

　　1. 学生能够对方案有一定的了解，能够利用软件绘制地面材料布置图

　　2. 完成课后练习

评价标准：

　　绘制的地面材料布置图准确，无明显错误

综合学生的具体表现，对学生进行评分：90～100分优秀；80～89分良好；70～79分中等；60～69分合格；60分以下不合格

项目组评价		总分	
教师评价			

项目实施计划书

项目任务与内容	教师工作任务	学生学习任务	实施地点	实施时间
制订目标、计划	布置课题、下发任务	1. 阅读任务书，明确项目任务 2. 确定学习目标，制订项目实施计划 3. 分项目组，制订项目组计划	机房	
讲解案例	1. 现场指导，解答学生遇到的问题 2. 管理实训课堂纪律	1. 项目组经过学习，了解地面材料基本知识 2. 学习并理解地面材料的设计手法及绘制方法	机房	
项目实训	提出案例及问题	解答案例中遇到的问题		
学生自评与互评	1. 现场指导，解答学生遇到的问题 2. 管理实训课堂纪律	1. 学生自评 2. 小组互评	机房	
教师讲评	老师对整个实训进行综合性的总结、讲评			

　　地面材料布置图是反映各空间地面铺设材料的图纸，当地面材料比较单一，材料种类不多时，只需要在平面布置图上用文字标示说明；当材料比较繁多，室内家具布置比较密集时，则需要单独绘制一张地面材料图来反映地面材料的铺设情况。地面材料图包含地面材料名称、材料尺寸定位等。

一、地面材料的选择

　　客厅是朋友聚会的重要场所，客厅中家具配置多，有沙发、茶几、电视柜、装饰柜以及一些植物装饰等。客厅又是人流互动密集、使用最多的空间，因此在地面材料的选择上应选择大方、美观、耐磨、方便清洁、易于保养的材料为主。通常客厅的地面材料有木地板、大理石和瓷砖。大理石最大的优点在于其本身具有非常漂亮的纹理，这些纹理多呈放射树枝状，品种也非常多，有各种颜色和纹理可以选择。本案例中，设计师选择了耐磨、经济、易于清洁的大理石作为客厅的地面材料。

由于餐厅和客厅融为一体，因此在地面材料上也没有太大的变化，也选择与客厅同类的大理石作为装饰材料，只是将材料的规格进行了改变，从而对客厅和餐厅进行了简单区分。

厨房是潮湿易于积水的空间，在选择材料时应以防潮防滑以及防火为原则。因此在厨房中不太适合运用木材，马赛克由于规格太小，缝隙较多，容易积水不易清洗，且不防滑，也不适合用于厨房的地面。较常使用的为瓷砖和大理石，本案例中仍然选择与客厅同色的大理石作为厨房地面材料。

卫生间地面材料的选择基本和厨房选择方法一样，主要以防滑、耐脏、易于清洁为原则。本案例中卫生间选择条形大理石为地面材料。

卧室地面材料选择以舒适、安静为原则，目前卧室地面材料以木地板为主流设计趋势。木地板相比瓷砖和大理石而言，更加使人感到亲切，更适合于居室空间的自然风格体现。目前市面上最常见的有实木地板、复合木地板、实木复合地板以及竹木地板四种。

二、地面材料布置图的绘制

在确定了地面材料之后，就可以绘制地面材料布置图了。地面材料布置图的绘制相对来说非常简单，只需在平面图的基础上，删除（或者隐藏）家具及装饰物件，保留墙体，而后在各个空间按照设计规格分割出材料规格大小的线即可。

（1）根据设计在需要的地方绘制门槛石（门槛石为不同材料之间的过渡材料），如图 2 - 22 所示。

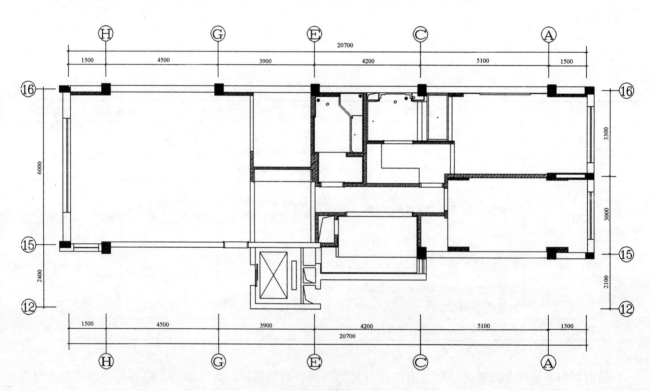

图 2 - 22　绘制门槛石

（2）根据设计，客厅、餐厅、书房均为 1200×600 的石材，利用偏移（或者绘制 600×1200 的矩形）将客厅、餐厅、书房以及过道铺满，如果有小块剩余的，尽量将其铺设到不那么显眼的地方，如靠墙的沙发下面，使得空间尽量完整。如图 2 - 23 所示。

（3）卧室地面材料选用木地板，直接用图案填充即可，输入【H】，在卧室中间任意空白处点击鼠标左键，选择要填充的区域，图 2 - 24 为卧室区域被选中时的状态，区域边界为凸出显示。

（4）点击图案样式，选择【DOLMIT】，并将比例调整为 10（根据实际情况），角度为 90，点击确定即可，如图 2 - 25 所示。对另外一个卧室进行相同的操作，完成卧室地面材料的铺设，如图 2 - 26 所示。

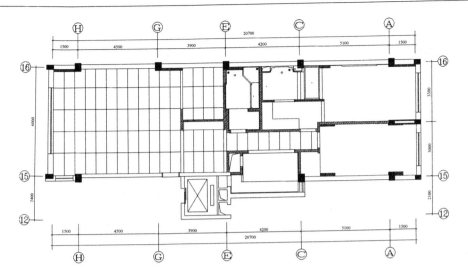

图 2 - 23　绘制石材

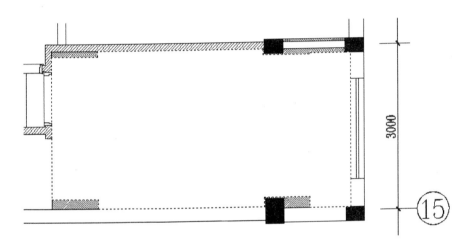

图 2 - 24　卧室填充

图 2 - 25　图案填充和渐变色

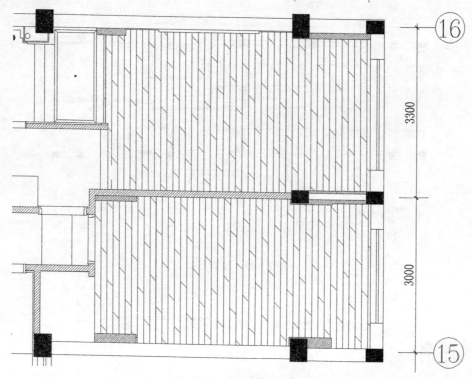

图 2－26　卧室地面铺设

（5）利用相同的方法，绘制出卫生间的地面材料铺设（只需根据设计大小，绘制出线条即可）。最后绘制完地面材料铺设后，对材料进行必要的标注，如图 2－27 所示。

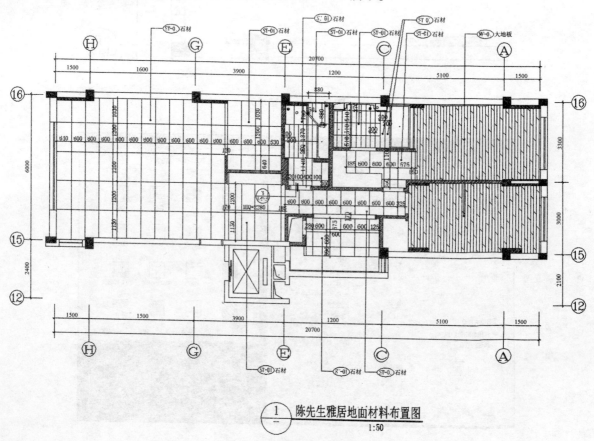

陈先生雅居地面材料布置图
1:50

图 2－27　地面材料布置图

本案例绘制地面材料图时，对材料的标注采用了材料编号，用材料编号的方法则需要对应材料编号表来查找或者注明每种编号代表什么材料，此种方法多用于材料种类和规格繁多的空间；也可以直接将材料名称标注在此图纸上，此种方法标注简单明了，适合空间材料种类较少的情况。

任务四　天花布置图的绘制

知识目标
通过具体案例的学习，了解如何对天花材料进行选择，并用准确的图纸表达出来。

技能目标
通过学习，掌握如何对天花材料进行设计，并能用软件准确无误地绘制出来。

任务要点
绘制天花布置图。

项目任务书

任务名称	天花布置图的绘制	任务编号		时间要求	
要求	1. 对天花材料进行设计 2. 利用 AutoCAD 绘制天花材料布置图				
重点培养的能力	利用 AutoCAD 绘制天花材料布置图				
涉及知识	AutoCAD 的运用				
教学地点	教室、机房	参考资料			
教学设备	投影设备、投影幕布、电脑				

训练内容

1. 老师对案例进行分析，讲解如何对天花材料进行设计，并演示软件绘制天花材料布置图
2. 课堂练习。对学生进行分组，安排课堂练习
3. 提出问题及老师答疑。学生提出在学习过程中遇到的问题，老师作出解答

训练要求

通过对实例的学习，学生对常见天花材料有一定了解，能够运用简单的材料对天花进行设计，并能够用软件绘制天花材料布置图

成果要求及评价标准

成果要求：
  1. 学生能够对方案有一定的了解，能够利用软件绘制天花材料布置图
  2. 完成课后练习
评价标准：
  绘制的天花材料布置图准确，无明显错误
综合学生的具体表现，对学生进行评分：90～100 分优秀；80～89 分良好；70～79 分中等；60～69 分合格；60 分以下不合格

项目组评价		总分	
教师评价			

项目实施计划书

项目任务与内容	教师工作任务	学生学习任务	实施地点	实施时间
制订目标、计划	布置课题、下发任务	1. 阅读任务书，明确项目任务 2. 确定学习目标，制订项目实施计划 3. 分项目组，制订项目组计划	机房	
讲解案例	1. 现场指导，解答学生遇到的问题 2. 管理实训课堂纪律	1. 项目组经过学习，了解天花材料的基本知识 2. 学习并理解天花材料的设计手法及绘制方法	机房	
项目实训	提出案例及问题	解答案例中遇到的问题		
学生自评与互评	1. 现场指导，解答学生遇到的问题 2. 管理实训课堂纪律	1. 学生自评 2. 小组互评	机房	
教师讲评	老师对整个实训进行综合性的总结、讲评			

天花（也叫吊顶或者顶棚）装饰是现代装饰中必不可少的组成部分，除了要考虑设计的美观性，天花装饰还有很多功能上的要求。在现代居室装饰中，现代设备越来越多，导致各种管线也随之增多，为了室内的美观有序，大多数管线都设置在天花之中。所以天花能起到一个很好的遮挡作用，此外，天花还可以起到隔热、吸声等作用。

一、天花设计原则

（1）天花是室内空间的顶部界面，是室内设计空间的"天"，人们习惯以上为天，下为地。天要轻，地要重，这是人的视觉心理作用。在设计天花的时候，应该符合人的心理需求，造型、材料、色彩都要充分考虑"上轻下重"的原则，否则便会产生压抑感。不同空间的天花也有不同的设计需求，要因地制宜地进行设计，如咖啡厅、音乐厅等。

（2）天花设计中材料的使用不宜过多，装饰也不宜太繁杂，图案不宜细碎，否则会令人眼花缭乱。设计中要力求简洁、完整、生动，有主有次，有条有序，使天花设计能够协调统一。

（3）天花装饰应保证结构的合理性和安全性，同时还要综合考虑灯具形式、灯具布置、空调布置等方面的因素。

二、天花常见材料

（一）石膏板

石膏板吊顶是目前最主流的吊顶做法。在石膏板流行之前，主要运用胶合板来进行吊顶的制作。随着石膏板生产工艺的成熟，逐渐取代了传统的胶合板吊顶，因其防火性能远远超越了胶合板，这也是石膏板成为主流吊顶材料的主要原因之一。

石膏板种类很多，除了能广泛应用在吊顶制作外，也可以用于室内隔墙。石膏板的主要品种有纸面石膏板、装饰石膏板、吸音石膏板等。

1. 纸面石膏板

纸面石膏板中间以石膏浆料为夹芯层，两面用牛皮纸做罩面。纸面石膏板具有表面平整、稳定性好、防火、易于加工、安装简单等优点。在纸面石膏板中添加耐水剂的耐水纸面石膏板，防潮性能优越，可以用于湿度较大的卫生间和厨房。纸面石膏板是石膏板中最常见的品种，在隔墙和吊顶制作中被广泛地运用。图2-28、图2-29和图2-30为纸面石膏板及其在天花和隔墙中的应用。

图 2-28 纸面石膏板

图 2-29 纸面石膏板做天花

图 2-30 纸面石膏板做隔墙

2. 装饰石膏板

装饰石膏板也是石膏板中常见的品种，与普通的纸面石膏板的区别在于其表面利用特殊工艺制成了各种图案、花纹和纹理，具有更强的装饰效果，因此被称为装饰石膏板。主要品种有石膏印花板、石膏浮雕板、纸面石膏装饰板等。装饰石膏板同样可以运用在室内隔墙的制作和装饰中，如图 2-31 所示。

图 2-31　装饰石膏板

3. 吸音石膏板

吸音石膏板是一种具有较强吸音功能的特种石膏板，它是在纸面石膏板或者装饰石膏板上，打上贯通的孔洞，再贴上一些能够吸声的材料制成的。利用石膏板上的孔洞和添加的吸音材料能够很好地达到吸音效果，在电影院、音乐厅、会议室、KTV 以及家庭影院等空间中经常使用，如图 2-32 所示。

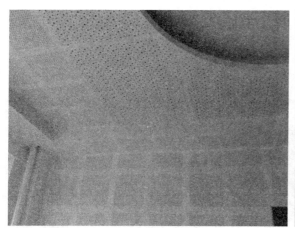

图 2-32　吸音石膏板

（二）铝扣板

铝扣板是用轻质铝板一次冲压成型，外层用特种工艺喷涂漆料制成的。因为其基础材料是铝板、同时在安装时通常都是直接扣在龙骨上，所以叫铝扣板。其厚度一般为 0.4 ~ 0.8mm，有条形、方形、菱形等各种形状。铝扣板因为其防火、防潮、易于擦洗，同时价格便宜、加工成型容易、安装方便以及本身的金属质感，使得其成为室内吊顶制作中常用的材料。在公共空间如会议厅、办公室被大量运用，特别是在家居中的厨房和卫生间更是被普遍使用。图2－33为铝扣板在室内装饰中的运用。

图2－33　铝扣板

（三）其他常见吊顶材料

随着现代科技的飞速发展，越来越多的新型材料被运用到室内装饰中，吊顶材料也不断推陈出新，如矿棉板、硅钙板、PVC板以及玻璃、金属、壁纸等都被大量运用于室内吊顶装饰中，见图2－34至图2－39。

图2－34　矿棉板吊顶

图2－35　硅钙板吊顶

图 2-36　PVC 材料

图 2-37　金属吊顶

图 2-38　玻璃吊顶

图 2-39　壁纸吊顶

三、天花材料的选择及天花布置图的绘制

本案例中，大部分空间都选择了石膏板作为天花的主要材料，由于受本身空间层高的限制，在客厅中则使用了大面积的玻璃镜面装饰来制作吊顶，运用镜面的反射作用，增强空间的视觉感受；在餐厅中则使用了少部分的镜面不锈钢来增强空间的现代感。

本案例将以客厅天花图的绘制讲解天花图的绘制方法。

根据设计，分别从墙体偏移出 200mm 宽度，绘制出窗帘盒位置（一般窗帘盒宽度为 200），如图 2-40 所示。

客厅天花中间为一圈镜面材质，且位于客厅正中间，可以在客厅中间绘制出水平和垂直的辅助线，然后分别向两边偏移【O】出相同的尺寸，上下分别为 2070，绘制出镜面材质边界线，并修剪掉【TR】多余线段，如图 2-41 所示。

然后再偏移【O】出镜面材料的宽度 400mm，此处镜面材料有车边效果（具体可以网络查询），可以再偏移【O】出车边宽度 20mm，如图 2-42 所示。

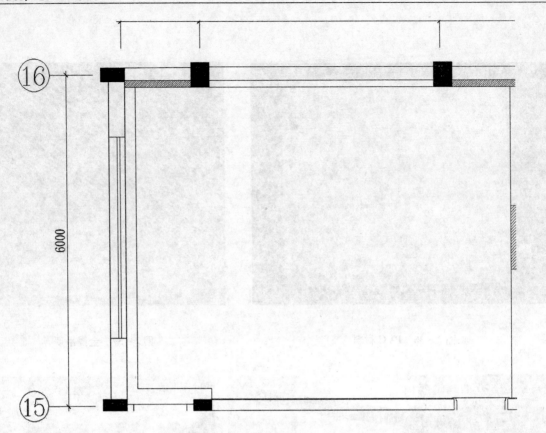

图 2-40 天花

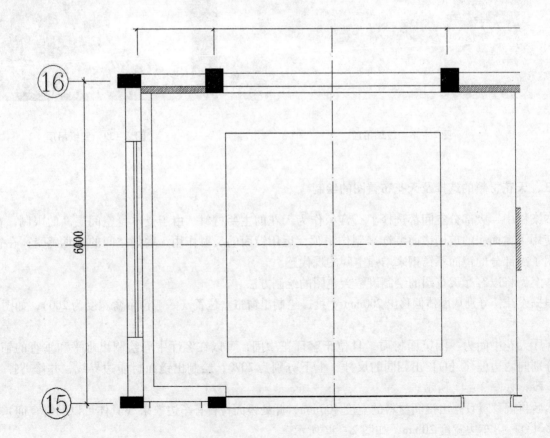

图 2-41 客厅天花 (1)

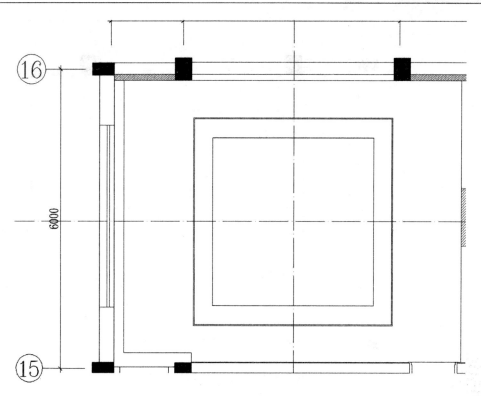

图 2 - 42 客厅天花 (2)

再向里偏移【O】600mm，绘制出内部镜面材料边界线，如图 2 - 43 所示。

最后绘制出两边的凹槽造型（可以用矩形绘制，也可以用直线进行偏移），如图 2 - 44 所示。

再利用填充【H】，图案为 AR - RROOF，填充镜面材料区域，填充参数如图 2 - 45 所示。

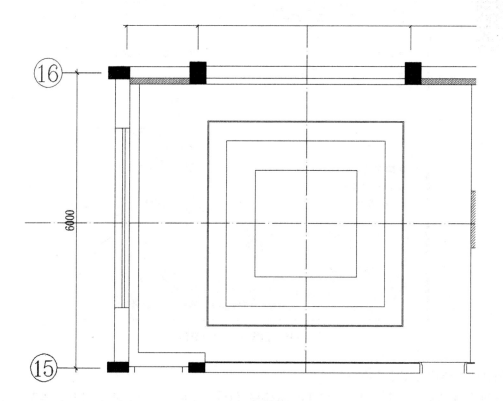

图 2 - 43 客厅天花 (3)

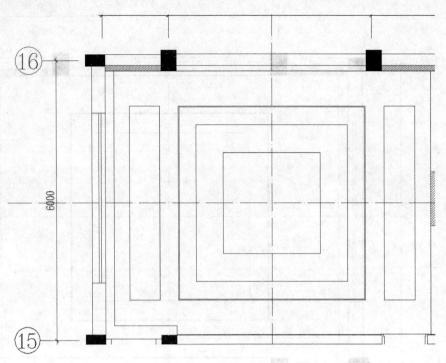

图 2 - 44　客厅天花（4）

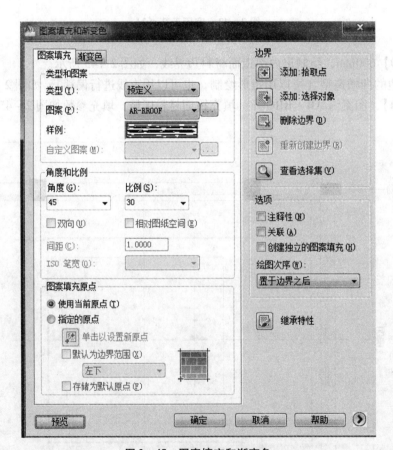

图 2 - 45　图案填充和渐变色

删除辅助线，完成天花图的绘制。

其他空间绘制方法与此基本相同，主要利用偏移【O】，修剪【TR】、填充【H】等基本命令就可以完成，在此不再赘述其详细过程。最终天花图完成后如图 2 - 46 所示。

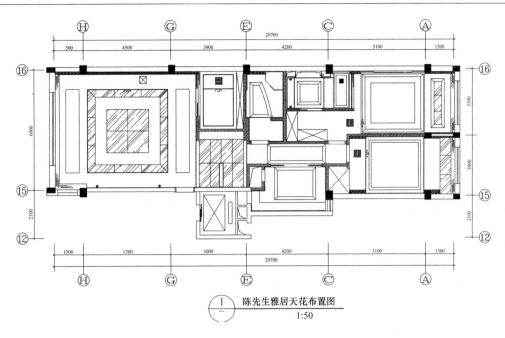

图 2-46　天花布置

最后标注天花材料及天花高度，如图 2-47 所示。

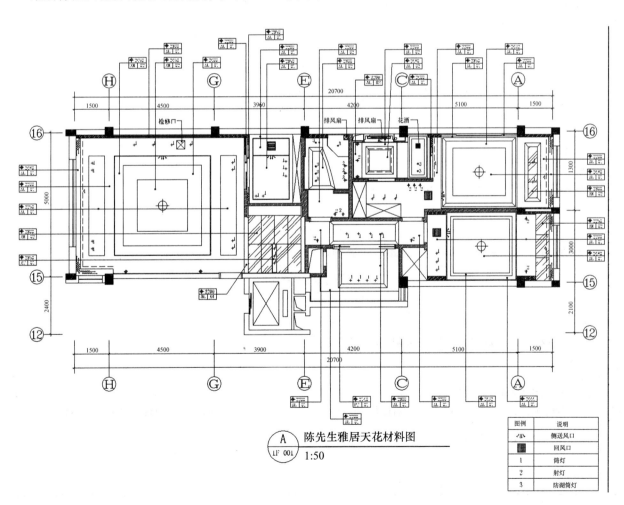

图 2-47　天花材料及高度

任务五　灯具布置图的绘制

知识目标

通过具体案例的学习，对天花尺寸及灯具位置进行标注定位。

技能目标

通过学习，掌握如何对天花尺寸进行标注，并对灯具位置进行标注。

任务要点

灯具设计原则和绘制灯具布置图。

项目任务书

任务名称	灯具布置图的绘制	任务编号		时间要求	
要求	1. 对天花造型进行尺寸标注 2. 标注天花灯具的具体位置				
重点培养的能力	利用 AutoCAD 标注天花造型尺寸和灯具位置				
涉及知识	AutoCAD 的运用				
教学地点	教室、机房	参考资料			
教学设备	投影设备、投影幕布、电脑				

训练内容

1. 老师对案例进行分析，讲解天花造型和灯具位置，进行尺寸标注，并实际操作演示

2. 课堂练习。对学生进行分组，安排课堂练习

3. 提出问题及老师答疑。学生提出在学习过程中遇到的问题，老师作出解答

训练要求

通过对实例的学习，学生能够独自对天花造型尺寸和灯具位置进行标注

成果要求及评价标准

成果要求：

　　1. 学生能够对方案有一定的了解，能够利用软件绘制灯具布置图

　　2. 完成课后练习

评价标准：

　　绘制的灯具布置图准确，无明显错误

综合学生的具体表现，对学生进行评分：90～100 分优秀；80～89 分良好；70～79 分中等；60～69 分合格；60 分以下不合格

项目组评价		总分	
教师评价			

项目实施计划书

项目任务与内容	教师工作任务	学生学习任务	实施地点	实施时间
制订目标、计划	布置课题、下发任务	1. 阅读任务书，明确项目任务 2. 确定学习目标，制订项目实施计划 3. 分项目组，制订项目组计划	机房	
讲解案例	1. 现场指导，解答学生遇到的问题 2. 管理实训课堂纪律	学习并理解天花造型的设计手法及正确的标注灯具位置方法	机房	
项目实训	提出案例及问题	解答案例中遇到的问题		
学生自评与互评	1. 现场指导，解答学生遇到的问题 2. 管理实训课堂纪律	1. 学生自评 2. 小组互评	机房	
教师讲评	老师对整个实训进行综合性的总结、讲评			

世界有了光，才有了我们这个五彩缤纷的世界。无论是建筑艺术、绘画艺术、摄影艺术，都不可能离开光线。光可以营造各种空间氛围，也可以改变空间。对于室内设计来说，光更是不可或缺的重要设计因素。因此室内照明设计也成了室内设计的重要组成部分。

一、室内照明的设计原则

（1）安全性原则。室内是人们活动频繁的空间，所以安全防护也是第一位的。在设计灯具照明时一定要考虑安全性，以免发生意外事故。

（2）功能性原则。灯具照明设计必须符合功能要求。根据空间的不同性质，选择不同的照明方式和灯具，保证适当的照度和亮度。例如在本案例中，客厅的灯光照明设计采用了垂直照明（艺术吊灯），亮度分布均匀，避免了出现炫光和阴暗区域。室内的陈设则需要对其进行重点照明，亮度为一般照明的3～5倍，以营造出艺术氛围，提升艺术感染力。在本案例中客卫墙上有装饰画，则对其进行了局部重点照明，为其设计了两盏射灯。客卧中的书桌上方也同样设计了射灯，以增加艺术效果。

（3）美观性原则。灯具不仅具有照明作用，而且由于其十分讲究造型、材料、色彩和比例，因此已经成为室内空间不可缺少的装饰点。通过控制灯光的明暗、阴影等，可以创造出风格各异的艺术氛围，为室内空间增添更多情趣。

（4）合理性原则。灯具的布置要满足需求，并不是越多越好。灯具布置应最大限度地使空间体现出使用价值和欣赏价值，并能达到功能和美观的统一。华而不实的灯具装饰只能是画蛇添足，同时还会造成能源和经济上的浪费，甚至还会因为光线污染而损害身体健康。

二、室内照明的形式

（一）整体照明

整体照明是指空间不需要局部照明，为了照亮整体而设置的均匀的照明。这种方式的灯具布置均匀，适用于没有特殊光照要求的空间或者工作位置密集的空间，如教室、普通办公室等。本案例中过道的照明即属于整体照明。

（二）局部照明

局部照明是指局限于特定工作部位的固定或者移动照明。局部照明通常用于亮度要求高且对光线方向性有特殊要求的地方，如台灯、床头灯、落地灯及定向射灯等。局部照明能灵活使用照明且合理利用能源。但在设计局部照明时，应避免工作地点与周围环境产生较大的亮度对比，不利于空间美感的营造和视觉健康。

（三）混合照明

混合照明是综合整体照明和局部照明的照明方式。混合照明既满足室内空间的均匀照明，又满足局部高照明亮度和光方向的要求。混合照明是现代室内照明中使用最多的照明方式。本案例中大多数空间的照明方式都为混合照明。

在了解了照明设计的原则和方法之后，就可以对本案例进行灯具设计了。根据设计原则，在各个空间先整体进行灯具布置，在满足整个空间的照明之后，在需要重点照明的地方再进行灯具布置，营造艺术氛围。布置好灯具之后，对天花材料和高度进行标注、对天花造型进行尺寸标注、对灯具位置进行尺寸标注。天花尺寸、灯具定位和天花材料图可根据天花造型的复杂度、灯具数量的多少进行标注，简单的天花造型及灯具较少的设计可以将三张图纸放在一起。本案例由于尺寸较多，故将三张图纸分开绘制。最后配上图纸上所用符号的图例，绘制完成的天花定位图、天花材料图和灯具定位图分别如图2-48、图2-49和图2-50所示。到此，本案例的天花图就基本完成。

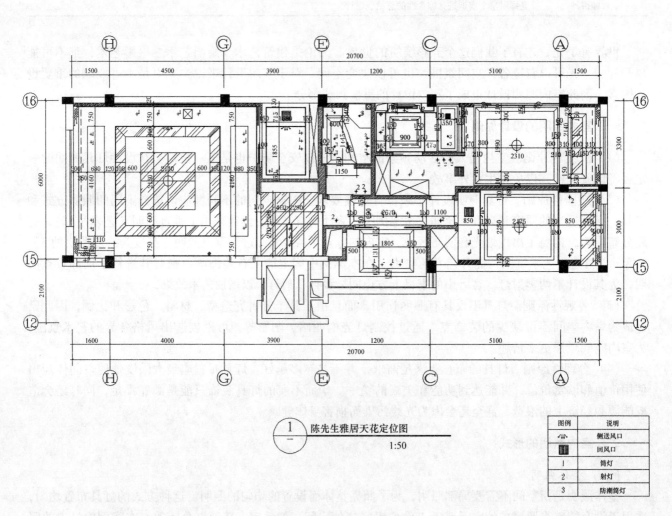

图2-48 天花定位图

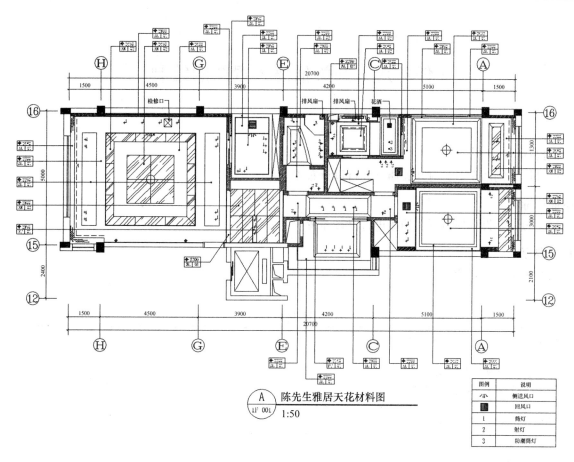

A 陈先生雅居天花材料图
1:50

图例	说明
	侧送风口
	回风口
1	筒灯
2	射灯
3	防潮筒灯

图 2-49 天花材料图

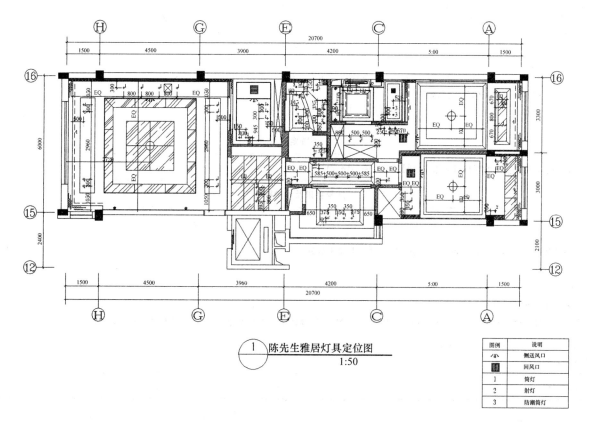

1 陈先生雅居灯具定位图
1:50

图例	说明
	侧送风口
	回风口
1	筒灯
2	射灯
3	防潮筒灯

图 2-50 灯具定位

任务六　开关插座布置图的绘制

知识目标

通过具体案例的学习，对开关插座进行设计布置。

技能目标

通过学习，掌握如何对开关插座进行设计布置。

任务要点

绘制开关插座布置图。

项目任务书

任务名称	开关插座布置图的绘制		任务编号		时间要求	
要求	1. 开关插座布置原则 2. 绘制开关插座布置图					
重点培养的能力	绘制开关插座布置图					
涉及知识	AutoCAD 的运用					
教学地点	教室、机房		参考资料			
教学设备	投影设备、投影幕布、电脑					

训练内容

1. 老师对案例进行分析，讲解如何对室内空间的开关插座进行布置，并实际操作演示
2. 课堂练习。对学生进行分组，安排课堂练习
3. 提出问题及老师答疑。学生提出在学习过程中遇到的问题，老师作出解答

训练要求

通过对实例的学习，学生能够独自对独立空间进行开关插座设计

成果要求及评价标准

成果要求：
    1. 学生能对方案有一定的了解，能利用软件绘制开关插座布置图
    2. 完成课后练习
评价标准：
    开关插座设计布置合理
综合学生的具体表现，对学生进行评分：90~100分优秀；80~89分良好；70~79分中等；60~69分合格；60分以下不合格

项目组评价		总　分	
教师评价			

项目实施计划书

项目任务与内容	教师工作任务	学生学习任务	实施地点	实施时间
制订目标、计划	布置课题、下发任务	1. 阅读任务书，明确项目任务 2. 确定学习目标，制订项目实施计划 3. 分项目组，制订项目组计划	机房	
讲解案例	1. 现场指导，解答学生遇到的问题 2. 管理实训课堂纪律	学习开关插座的布置方法	机房	
项目实训	提出案例及问题	解答案例中遇到的问题		
学生自评与互评	1. 现场指导，解答学生遇到的问题 2. 管理实训课堂纪律	1. 学生自评 2. 小组互评	机房	
教师讲评	老师对整个实训进行综合性的总结、讲评			

随着社会的不断进步，人们的生活水平也在不断提高，对室内空间的品位也越来越高，家庭电器也不断增加，这也直接导致家里的开关插座数量不断地增加。

一、开关布置原则

灯的开关位置应方便使用，安装的位置必须符合设计要求和规范。安装在同一室内空间的开关，宜采用同一系列的产品，开关的通断位置（方向）应一致，且操作灵活，接触安全可靠。

开关安装位置要求：开关边缘距门或者柜宜为150～200mm，距地面高度宜为1400mm。

开关接线应符合：相线应经开关控制。严格做到控制（即分断或接通）电源相线，开关断开后灯具不带电。

暗装的开关应采用专用盒。专用盒的四周不应有空隙，盖板应端正，并紧贴墙面。

二、插座布置原则

插座应采用安全型插座，其暗装高度应符合设计要求和规范。落地式插座应具有牢固可靠的保护盖板。潮湿场所应使用安全防电插座。

视听设备、台灯、接线板等的墙上插座一般距地面300mm，洗衣机的插座距地面1200～1500mm，电冰箱的插座为1500～1800mm，空调、排气扇等的插座距地面为1900～2000mm；厨房功能插座离地1100mm，欧式脱排烟机位置一般适宜于离地面2200mm，横坐标可定于吸烟机本身左右长度的中间，这样不会使电源插头和脱排背墙部分相碰（在允许的情况下，露出的插座的高度应尽可能地一致）。

三、开关插座定位布置方案

客厅：门口处装一开关。因客厅大多会安装明、暗两套灯具，故应选双联或三联开关（分别控制两三组灯光）。相对墙面各安装一组插座，用于电视影音电器和沙发旁阅读灯、电扇使用。

卧室：门口装双联开关。在床的两边对称安装两个插座，以备主人使用床头灯和便携式电器等。床对面墙上还应预留插座，以备日后卧室装备第二台电视。

厨房：门口装单联开关。墙面适当位置安三个插座，以便使用冰箱、微波炉、抽油烟机。还应多配置1～2个插座，以备日后添置消毒柜、洗碗机等用具（多预备些插座，以备以后电器增加使用）。

卫生间：门口装单联开关。墙面安插座，使用洗衣机；镜边安插座，使用美容器具。还要为电热水器、浴用暖风器备好插座。

四、开关插座布置图绘制

在了解开关插座相关知识后，就可以对开关插座进行布置了。一般用曲线来连接灯具与开关，表示从属关系。连线的基本原则是不交叉。插座布置图，只需在需要插座的地方布置插座，并标注插座的高度即可，完成后的开关插座布置图如图2-51和图2-52所示。

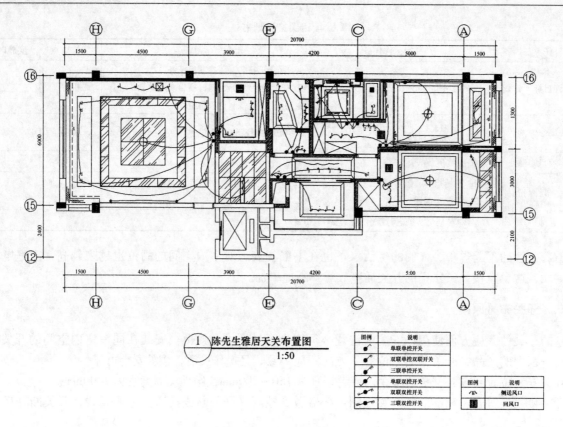

图例	说明
	单联单控开关
	双联单控双联开关
	三联单控开关
	单联双控开关
	双联双控开关
	三联双控开关

图例	说明
	侧送风口
	回风口

① 陈先生雅居天关布置图
1:50

图 2-51 开关布置图

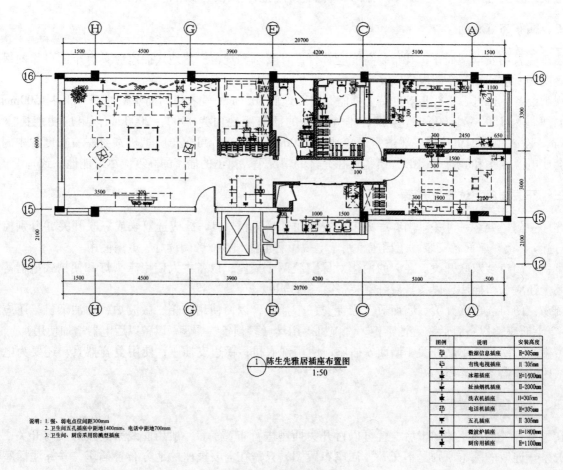

① 陈生先雅居插座布置图
1:50

说明：1. 强、弱电点位间距300mm
2. 卫生间五孔插座中距地1400mm、电话中距地700mm
3. 卫生间、厨房采用防溅型插座

图例	说明	安装高度
	数据信息插座	H=305mm
	有线电视插座	H 305mm
	冰箱插座	H=1400mm
	抽油烟机插座	H=2000mm
	洗衣机插座	H=305mm
	电话机插座	H=305mm
	五孔插座	H 305mm
	微波炉插座	H=1800mm
	厨房用插座	H=1100mm

图 2-52 插座布置图

任务七 给排水平面布置图的绘制

知识目标

通过具体案例的学习，了解如何进行给排水设计布置。

技能目标

通过学习，掌握如何对给排水进行设计布置。

任务要点

绘制给排水平面布置图。

项目任务书

任务名称	给排水平面布置图的绘制	任务编号		时间要求	
要求	1. 给排水布置原则 2. 绘制给排水平面布置图				
重点培养的能力	给排水平面布置图的绘制				
涉及知识	AutoCAD 的运用				
教学地点	教室、机房	参考资料			
教学设备	投影设备、投影幕布、电脑				

训练内容

1. 老师对案例进行分析，讲解如何对室内空间的给排水进行布置，并实际操作演示

2. 课堂练习。对学生进行分组，安排课堂练习

3. 提出问题及老师答疑。学生提出在学习过程中遇到的问题，老师作出解答

训练要求

通过对实例的学习，学生能够独自对简单空间进行给排水设计

成果要求及评价标准

成果要求：

　　1. 学生能对方案有一定的了解，能独立绘制给排水布置图

　　2. 完成课后练习。

评价标准：

　　给排水设计布置合理

综合学生的具体表现，对学生进行评分：90～100分优秀；80～89分良好；70～79分中等；60～69分合格；60分以下不合格

项目组评价			
教师评价		总分	

项目实施计划书

项目任务与内容	教师工作任务	学生学习任务	实施地点	实施时间
制订目标、计划	布置课题、下发任务	1. 阅读任务书，明确项目任务 2. 确定学习目标，制订项目实施计划 3. 分项目组，制订项目组计划	机房	
讲解案例	1. 现场指导，解答学生遇到的问题 2. 管理实训课堂纪律	学习给排水的布置方法	机房	
项目实训	提出案例及问题	解答案例中遇到的问题		
学生自评与互评	1. 现场指导，解答学生遇到的问题 2. 管理实训课堂纪律	1. 学生自评 2. 小组互评	机房	
教师讲评	老师对整个实训进行综合性的总结、讲评			

在室内装饰中，给排水布置图用来指导进出水的施工。一般给排水有给水管和排水管，给水管又分为冷水管和热水管，分别使用实线和虚线表示。给排水布置图的绘制方法相对简单，在平面图上关闭家具、厨具、洁具等图层，只留下墙线和一些隔断线以及需要进出水的设备等，在厨房、卫生间、淋浴房等地方绘制出水口，用圆圈表示出水口，然后在必要的出水口标注出定位尺寸。

本案例绘制完成的给排水图如图 2－53 所示。

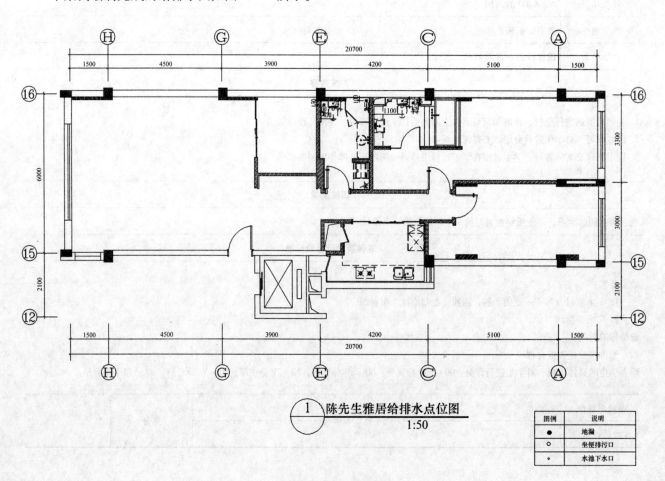

① 陈先生雅居给排水点位图
1:50

图例	说明
●	地漏
○	坐便排污口
∙	水池下水口

图 2－53　给排水图

任务八　各立面图的绘制

知识目标

通过具体案例，学习立面图的设计及绘制方法。

技能目标

通过学习，掌握如何绘制立面图。

任务要点

绘制各空间立面图。

项目任务书

任务名称	各立面图的绘制	任务编号		时间要求	
要求	绘制各空间立面图				
重点培养的能力	空间立面图的绘制				
涉及知识	AutoCAD 的运用				
教学地点	教室、机房	参考资料			
教学设备	投影设备、投影幕布、电脑				

训练内容

1. 老师对案例进行分析，演示并讲解立面图的绘制方法

2. 课堂练习。对学生进行分组，安排课堂练习

3. 提出问题及老师答疑。学生提出在学习过程中遇到的问题，老师作出解答

训练要求

通过对实例的学习，学生能够独自绘制完整的立面图

成果要求及评价标准

成果要求：

　　1. 学生能够对方案有一定的了解，能够独立绘制立面图

　　2. 完成课后练习

评价标准：

　　立面图绘制正确，无尺寸偏差

综合学生的具体表现，对学生进行评分：90~100 分优秀；80~89 分良好；70~79 分中等；60~69 分合格；60 分以下不合格

项目组评价		总分	
教师评价			

项目实施计划书

项目任务与内容	教师工作任务	学生学习任务	实施地点	实施时间
制订目标、计划	布置课题、下发任务	1. 阅读任务书，明确项目任务 2. 确定学习目标，制订项目实施计划 3. 分项目组，制订项目组计划	机房	

讲解案例	1. 现场指导，解答学生遇到的问题 2. 管理实训课堂纪律	学习立面图的绘制方法	机房	
项目实训	提出案例及问题	解答案例中遇到的问题		
学生自评与互评	1. 现场指导，解答学生遇到的问题 2. 管理实训课堂纪律	1. 学生自评 2. 小组互评	机房	
教师讲评	老师对整个实训进行综合性的总结、讲评			

一、立面图的概念及作用

假想用一个垂直的剖切平面将室内空间垂直切开，移去一半将剩余部分向投影面投影，所得的剖切视图称为立面图。

立面图可将室内吊顶、立面、地面装修材料完成面的外轮廓线明确表示出来，为下步节点详图的绘制打下基础。

二、立面图的主要表现内容

立面图主要表现室内装饰墙面、柱面的装修做法，包括材料、造型、尺寸；门、窗的样式及尺寸；隔断屏风等的外观和尺寸；墙面、柱面上的灯具、装饰物件的位置及尺寸；其他特殊造型的形态等。

三、立面图的一般绘制步骤

（1）选定图幅，确定比例。

（2）画出立面轮廓线及主要分隔线。

（3）画出门窗、家具及立面造型投影线。

（4）绘制各细部细节。

（5）绘制出开关及插座（也可省略此步骤）。

（6）标注相关尺寸及材料，添加索引及相关符号图例。

四、立面图绘制过程中应注意的问题

（1）比例：室内立面图常用比例为1∶50和1∶30。在这个比例范围内，基本能清晰反映出造型的结构。

（2）图例符号：门窗、机电位置可用图例表示，符号索引参见前面项目。

（3）定位轴线：在立面中，凡被剖切到的承重墙柱都应画出定位轴线，并标注与平面图相对应的编号，立面图中一些重要的构造造型，也可与定位轴线关联标注以保证其定位的准确性。

（4）图线：顶、地、墙外轮廓线为粗实线，立面转折线、门窗洞口可用中实线，填充分割线等可用细实线，活动家具及陈设可用虚线表示。

（5）尺寸标注：①高度尺寸，应注明空间总高度，门、窗高度及各种造型、材质转折面高度，注明机电开关、插座高度。②水平尺寸，注明承重墙、柱定位轴线的距离尺寸，注明门、窗洞口间距，注明造型、材质转折面间距。

（6）文字标注：材料或材料编号内容应尽量在尺寸标注界线内对照平面索引注明立面图编号、图名以及图纸所应用的比例。

学习立面图的相关知识后就可以绘制立面图了，图2-54至图2-64是本案例各空间的立面图纸。

至此，本案例的立面图就全部绘制完成。

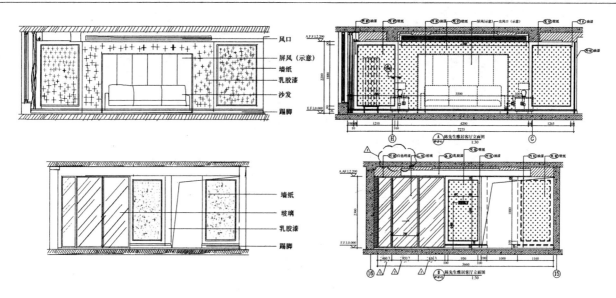

图2-54　客厅立面图（1）

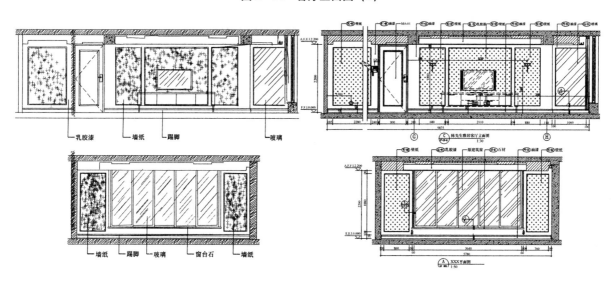

图2-55　客厅立面图（2）

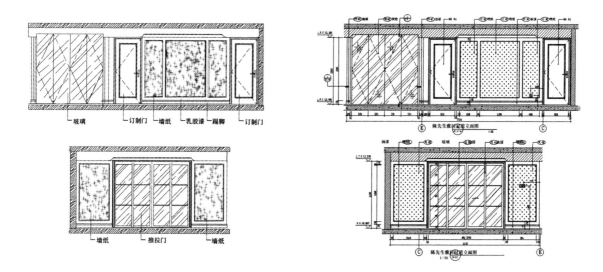

图2-56　过道立面图

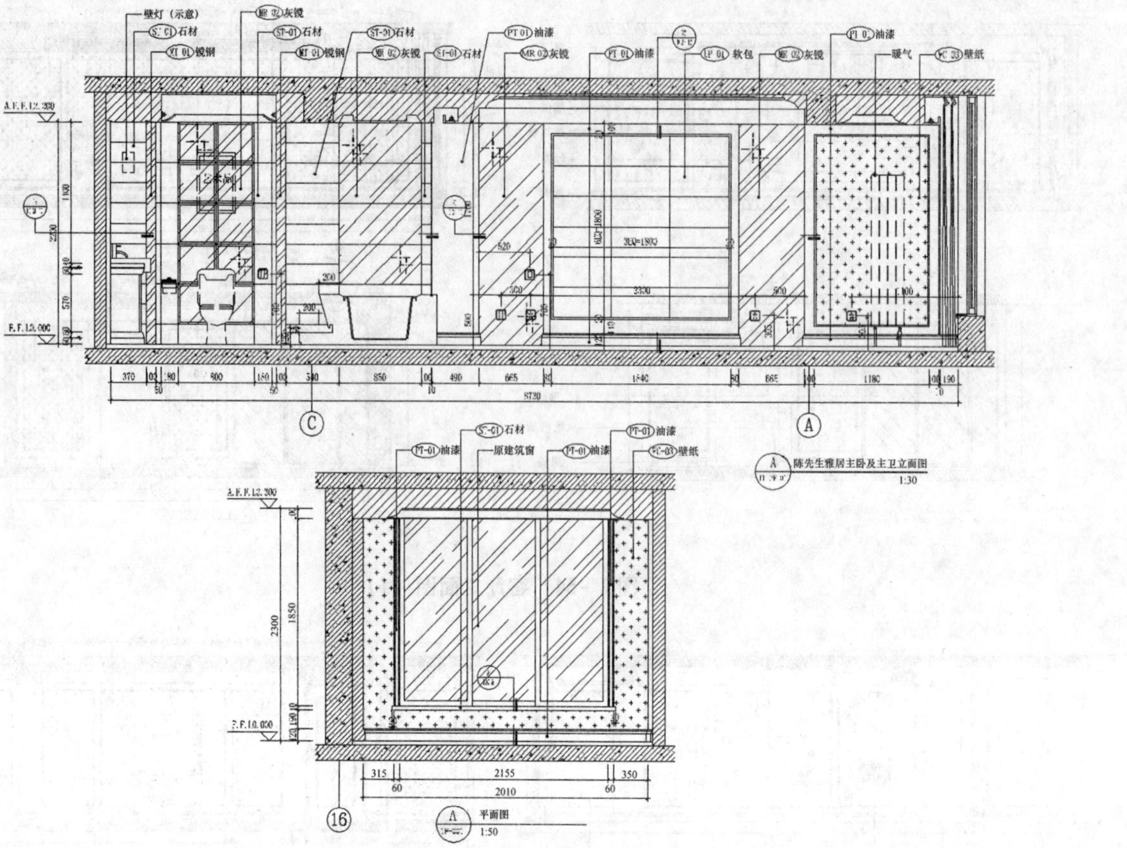

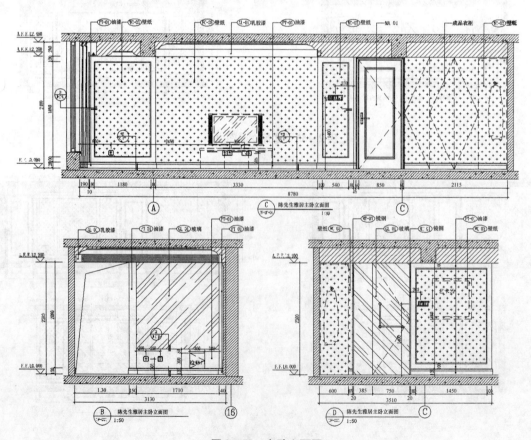

图 2-57 主卧及主卫立面图

图 2-58 主卧立面图

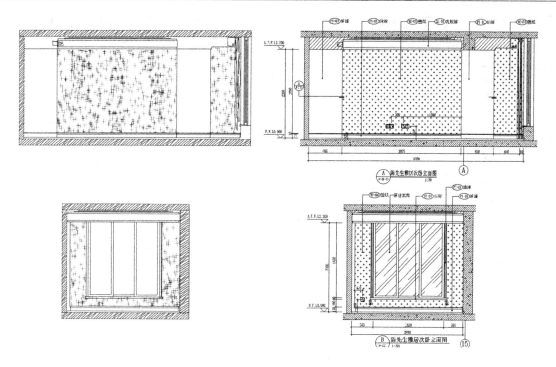

图 2-59 次卧立面图 (1)

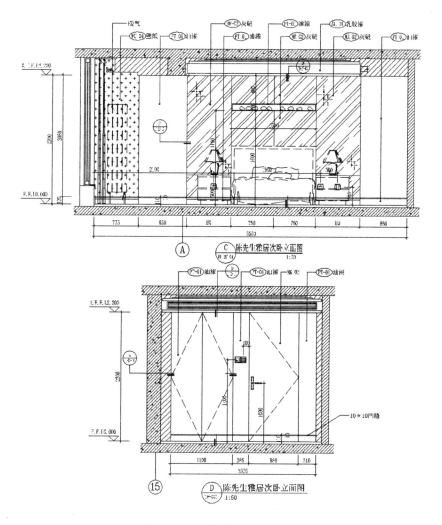

图 2-60 次卧立面图 (2)

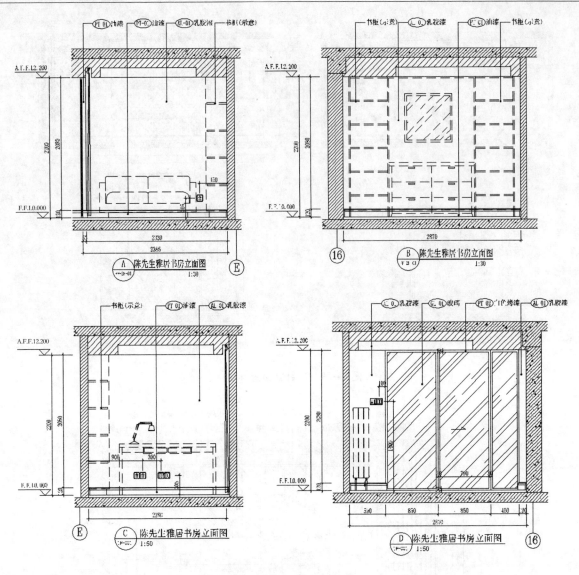

图 2-61 书房立面图

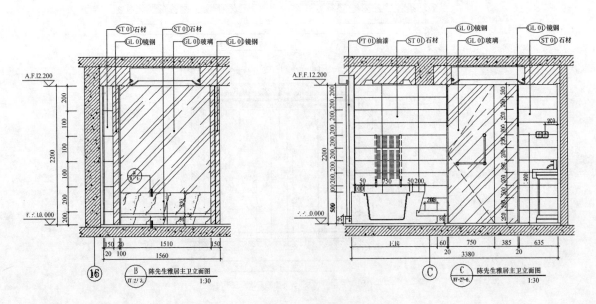

图 2-62 主卫立面图

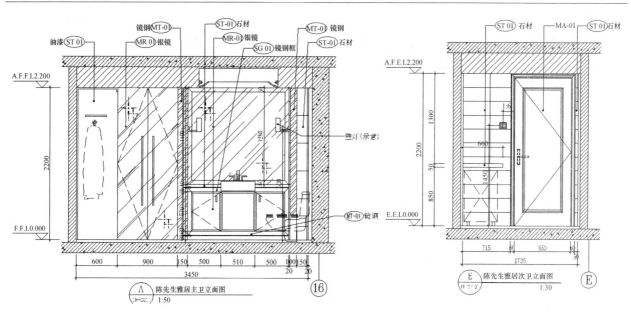

图 2 - 62　主卫立面图（续图）

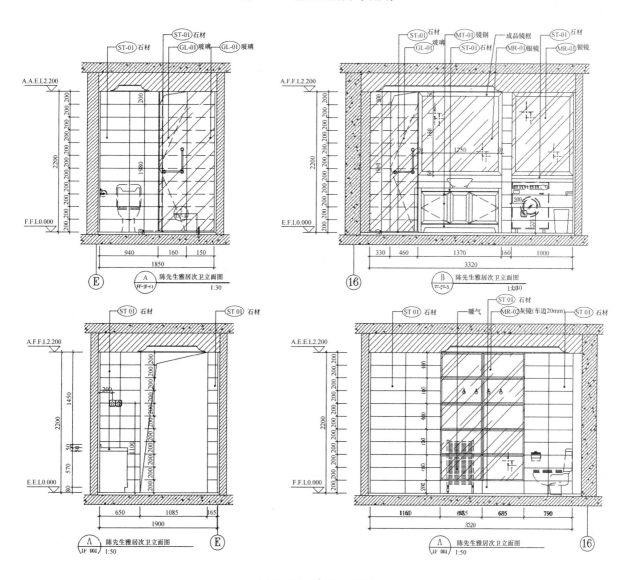

图 2 - 63　次卫立面图

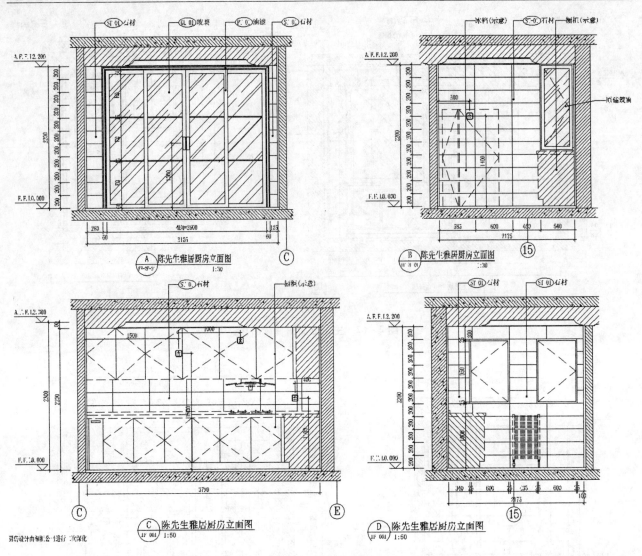

图 2-64　厨房立面图

任务九　天花节点大样图的绘制

知识目标

通过具体案例，学习天花节点大样图的绘制方法。

技能目标

学习天花吊顶的基本施工工艺及节点大样图的绘制方法。

任务要点

绘制天花节点大样图。

项目任务书

任务名称	天花节点大样图的绘制	任务编号		时间要求	
要求	绘制天花节点大样图				
重点培养的能力	天花施工工艺及天花节点大样图的绘制方法				
涉及知识	AutoCAD 的运用				
教学地点	教室、机房	参考资料			
教学设备	投影设备、投影幕布、电脑				

训练内容

1. 老师对案例进行分析、演示并讲解天花节点大样图的绘制方法

2. 课堂练习。对学生进行分组，安排课堂练习

3. 提出问题及老师答疑。学生提出在学习过程中遇到的问题，老师作出解答

训练要求

通过对实例的学习，学生能够绘制简单的天花节点大样图

成果要求及评价标准

成果要求：

 1. 学生能够对方案有一定的了解，能够独立绘制简单的天花节点大样图

 2. 完成课后练习

评价标准：

 立面图绘制正确，无尺寸偏差

综合学生的具体表现，对学生进行评分：90～100 分优秀；80～89 分良好；70～79 分中等；60～69 分合格；60 分以下不合格

项目组评价		总分	
教师评价			

项目实施计划书

项目任务与内容	教师工作任务	学生学习任务	实施地点	实施时间
制订目标、计划	布置课题、下发任务	1. 阅读任务书，明确项目任务 2. 确定学习目标，制订项目实施计划 3. 分项目组，制订项目组计划	机房	

项目任务与内容	教师工作任务	学生学习任务	实施地点	实施时间
讲解案例	1. 现场指导，解答学生遇到的问题 2. 管理实训课堂纪律	学习天花节点大样图的绘制方法	机房	
项目实训	提出案例及问题	解答案例中遇到的问题		
学生自评与互评	1. 现场指导，解答学生遇到的问题 2. 管理实训课堂纪律	1. 学生自评 2. 小组互评	机房	
教师讲评	老师对整个实训进行综合性的总结、讲评			

一、节点大样图的概念及作用

节点大样图（也叫详图）是室内设计中重点部分的放大图和结构做法图。一个装饰项目需要绘制多少详图，哪些地方需要绘制详图都要根据设计情况、项目大小以及复杂程度而定。节点图是反映装饰构造内部结构的图纸，大样图是反映重点部位的放大图。由于节点大样图一般都是用来详细表现细部尺寸和结构，因此一般将节点图和大样图统称为节点大样图。图2－65为节点图，图2－66为大样图。

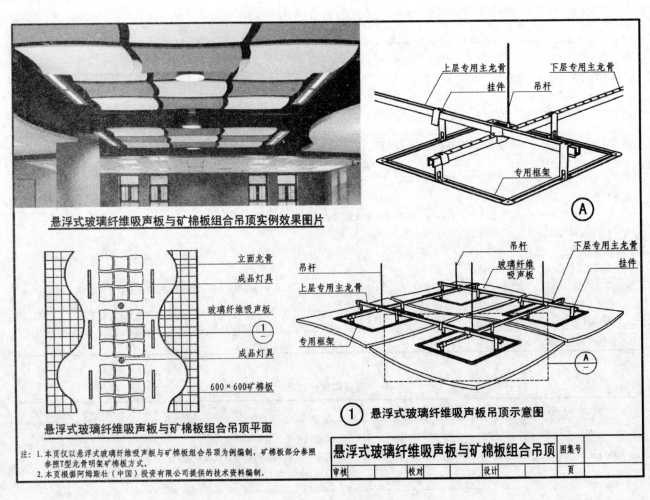

图 2－65 节点图

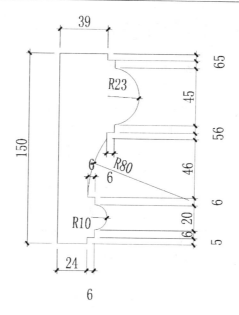

图 2-66　装饰线条大样图

二、天花节点大样图

顾名思义，天花节点大样图是用来反映天花造型结构细部尺寸和内部结构的图纸。有了天花节点大样图，就能够指导工人对天花吊顶进行安装。要绘制天花节点大样图，就需要熟悉天花的施工工艺，只有熟悉工艺，才能知道天花的内部结构，才能绘制出正确无误的节点大样图。

天花材料多种多样，不同的材料施工工艺也不同。按照造型来区分，一般天花有平顶和造型之分。

所谓平顶天花指的就是整个天花面为一平面，没有造型，构造形式简单，饰面厚度小，因而室内高度可以得到充分利用。但这类天花由于造型简单，没有提供隐藏管线及相关设备的内部空间。平顶天花在施工中也比较简单，可以使用纸筋灰、石灰砂浆直接抹面；也可以用石灰浆、色粉浆、彩色水泥浆、乳胶漆等进行喷刷；有的使用墙纸、墙布等卷材进行裱糊；也可以用石膏板或者胶合板进行饰面装饰。

造型天花则是有各种造型变化的天花。不管何种天花，采用的材料一般为木龙骨＋石膏板、轻钢龙骨＋石膏板、轻钢龙骨＋夹板等。由于天花材料种类繁多，在此仅以目前最为常见的石膏板天花来进行讲解。图 2-67 为天花内部结构图。

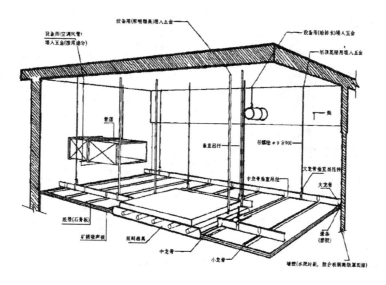

图 2-67　天花内部结构

弹线—安装吊杆—安装主龙骨—安装副龙骨—起拱调平—安装石膏板，这是石膏板吊顶天花的一般施工工序。

（1）弹线。弹顶棚标高水平线、划龙骨分档：根据图纸先在墙上、柱上弹出顶棚标高水平墨线。在顶板上画出吊顶布局，确定吊杆位置并与原预留吊杆焊接。

（2）安装吊杆。固定悬吊需经吊杆钢筋或镀锌铁丝的固定和吊杆的悬吊两个过程。固定悬吊用得最多的是直径6~8mm的钢筋，通过固定在楼板的预留钢筋，或用铁膨胀螺栓，将吊挂钢筋焊在结构上，或用射钉将镀锌铁丝固定在结构上，另一端同主龙骨的圆形孔绑牢。

（3）安装主、副龙骨及调平。根据已确定的主龙骨（大龙骨）弹线位置及弹出标高线，先大致将其基本就位。次龙骨（中、小龙骨）应紧贴主龙骨安装就位。龙骨就位后，再满拉纵横控制标高线（十字中心线），从一端开始，一边安装，一边调整，最后再精调一遍，直到龙骨平止。面积较大时，在中间还应考虑水平线适当起拱度，调平时一定要从一端调向另一端，要求纵横平直。

（4）安装石膏板。用自攻螺丝将石膏板固定在龙骨上。

图2-68为一餐厅吊顶实景图与相关节点大样图。

本案例中，天花造型都比较简单，图2-69、图2-70和图2-71分别为客厅天花节点图和完工后实景照片。

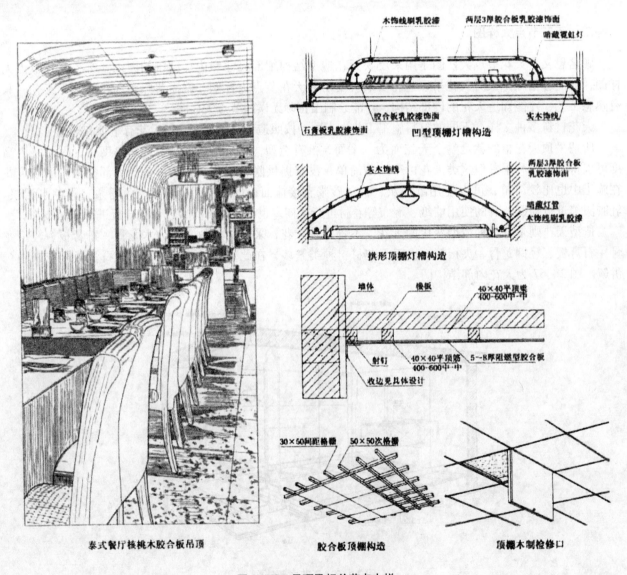

图 2-68　吊顶及相关节点大样

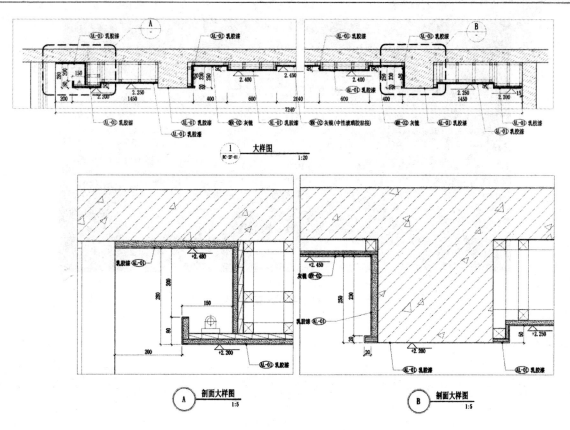

图 2-69　客厅天花节点图 (1)

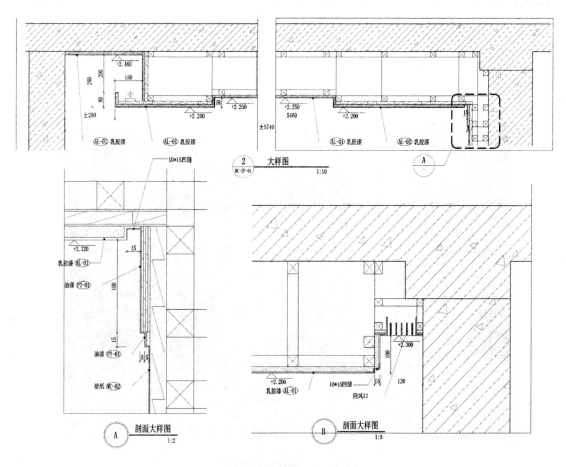

图 2-70　客厅天花节点图 (2)

图 2 – 71　客厅天花实景图

图 2 – 72 和图 2 – 73 分别为餐厅天花节点图和实景图。

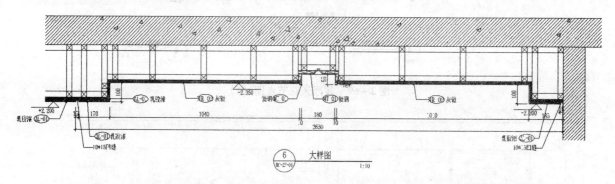

图 2 – 72　餐厅天花节点图

图 2 – 73　餐厅天花实景图

图 2 –74、图 2 –75 和图 2 –76 分别为主卧天花节点图和实景图。

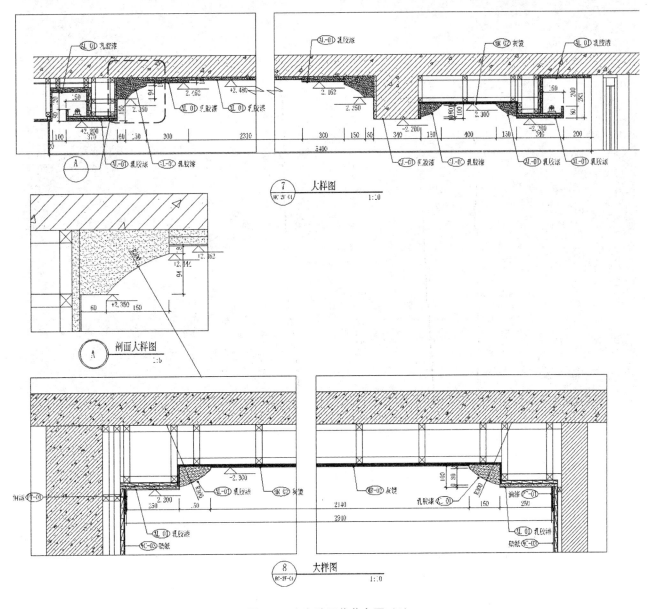

图 2 –74　主卧天花节点图（1）

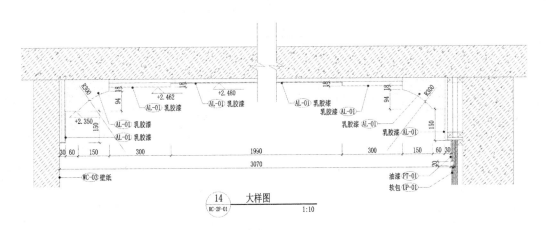

图 2 –75　主卧天花节点图（2）

图 2-76 主卧天花实景图

图 2-77 和图 2-78 分别为客卧天花节点图和实景图。

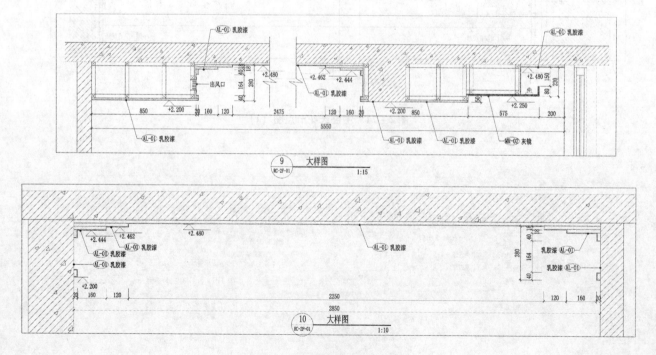

图 2-77 客卧天花节点图

图 2 –78　客卧天花实景图

图 2 –79、图 2 –80 和图 2 –81 分别为主卫天花节点图和实景图。

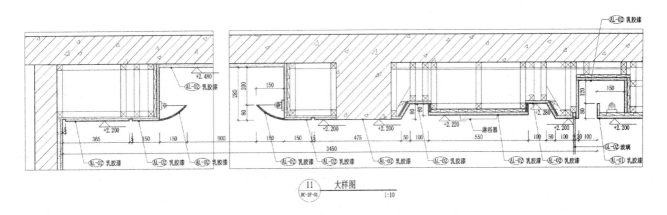

图 2 –79　主卫天花节点图

图2-80　主卫天花实景图（1）

图2-81　主卫天花实景图（2）

图2-82和图2-83分别为过道天花节点图和实景图。

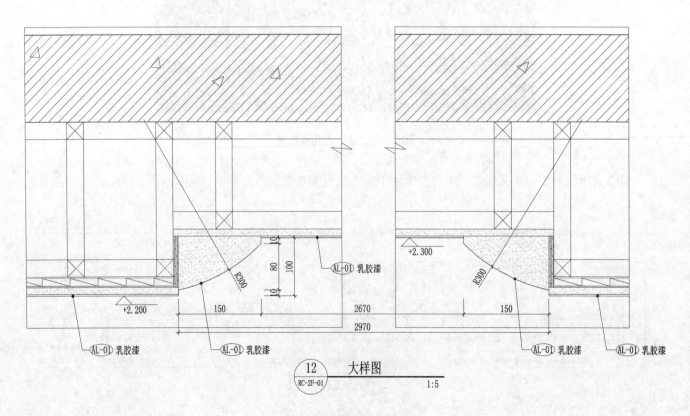

图2-82　过道天花节点图

图 2 - 83　过道天花实景图

图 2 - 84 和图 2 - 85 分别为客卫天花节点图和实景图。

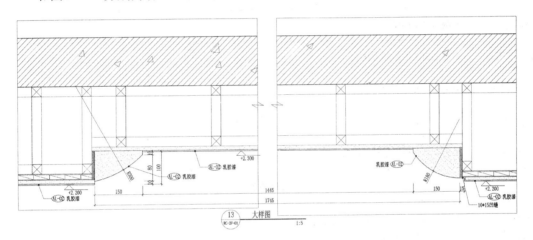

图 2 - 84　客卫天花节点图

图 2 - 85　客卫天花实景图

到此，本案例所有天花节点图就全部绘制完成，同学们可以自己对照平面图纸以及实景图进一步学习。

任务十　墙身剖面图的绘制

知识目标

通过具体案例，学习墙身剖面图的绘制方法。

技能目标

学习墙身剖面图的绘制方法。

任务要点

绘制墙身剖面图。

项目任务书

任务名称	墙身剖面图的绘制	任务编号		时间要求	
要求	绘制墙身剖面图				
重点培养的能力	墙身剖面图的绘制方法				
涉及知识	AutoCAD 的运用				
教学地点	教室、机房	参考资料			
教学设备	投影设备、投影幕布、电脑				

训练内容

1. 老师对案例进行分析，演示并讲解墙身剖面图的绘制方法
2. 课堂练习。对学生进行分组，安排课堂练习
3. 提出问题及老师答疑。学生提出在学习过程中遇到的问题，老师作出解答

训练要求

通过对实例的学习，学生能够绘制简单的墙身剖面图

成果要求及评价标准

成果要求：
1. 学生能对方案有一定的了解，能独立绘制简单的墙身剖面图
2. 完成课后练习

评价标准：
立面图绘制正确，无尺寸偏差

综合学生的具体表现，对学生进行评分：90~100 分优秀；80~89 分良好；70~79 分中等；60~69 分合格；60 分以下不合格

项目组评价		总分	
教师评价			

项目实施计划书

项目任务与内容	教师工作任务	学生学习任务	实施地点	实施时间
制订目标、计划	布置课题、下发任务	1. 阅读任务书，明确项目任务 2. 确定学习目标，制订项目实施计划 3. 分项目组，制订项目组计划	机房	
讲解案例	1. 现场指导，解答学生遇到的问题 2. 管理实训课堂纪律	学习墙身剖面图的绘制方法	机房	
项目实训	提出案例及问题	解答案例中遇到的问题		
学生自评与互评	1. 现场指导，解答学生遇到的问题 2. 管理实训课堂纪律	1. 学生自评 2. 小组互评	机房	
教师讲评	老师对整个实训进行综合性的总结、讲评			

一、墙身剖面图

墙身剖面图也是节点大样图中的一种，是用来反映墙面造型尺寸以及内部结构的节点图纸，因其多以剖面形式将墙面剖切开来，故而得名。墙身剖面图的剖切位置也要根据具体情况而定。如墙面没有任何造型，只是简单贴砖、粉刷乳胶漆或者墙纸之类，一般则不需要单独绘制剖面图。如果墙面有许多复杂造型，如常见的电视背景墙、酒店宾馆大堂接待台背景等，往往需要绘制其剖面图，来表现其内部结构以及细部尺寸。

二、墙身常见材料及施工工艺

室内墙面的装饰构造与墙面装饰所用材料相关。不同的材料，其做法工艺都不相同。墙面的装饰材料主要有墙纸与墙布类、织物饰面类、板材类、金属类、陶瓷类、石材类以及涂饰类。

（一）墙纸与墙布类

墙纸以各种彩色花纸装饰墙面，种类繁多。墙纸按材质可以分为塑料墙纸、织物墙纸、金属墙纸、植绒墙纸等。墙布以纤维织物直接作为墙面装饰材料。墙纸、墙布均应粘贴在具有一定强度，表面平整、光洁、干净、紧致的基层上。在粘贴时，对有对花的墙纸或者墙布在裁剪的尺寸上，其长度要比墙高出100~150mm，以适应粘贴要求。墙纸大致可以在抹灰基层、石膏板基层、胶合板基层三类墙体上粘贴，图2-86所示。

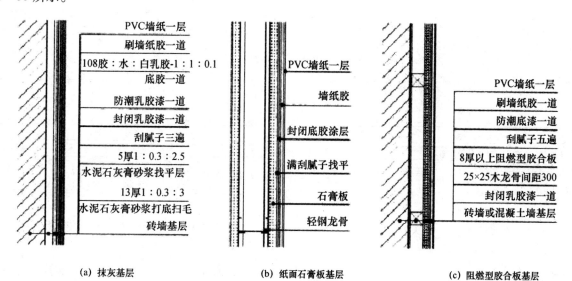

(a) 抹灰基层	(b) 纸面石膏板基层	(c) 阻燃型胶合板基层

图2-86 基层

墙布实际与墙纸属于同一类型，但人们习惯称的墙布是指无纺贴墙布、装饰墙布、化纤装饰墙布、玻璃纤维墙布等。墙布的施工方法与墙纸施工方法相似，都是直接在处理后的基层上进行裱糊粘贴。图2-87为墙布装饰效果。

图2-87　墙布装饰效果

（二）织物饰面类

织物饰面一般分为两类：一类是无吸声层硬包饰面，另一类是有吸声层软包饰面。软包是指在墙面上用塑料泡沫、织物等覆盖物进行表面装饰的面层。软包墙面具有一定的吸声功能，且触感柔软，在家庭和公共空间都经常用到，如卧室的背景墙、KTV包房背景墙等。软包墙面的基本构造分为底层、吸声层和面层三大部分。

无吸声层硬包饰面基层构造和有吸声层软包饰面基层构造如图2-88所示。

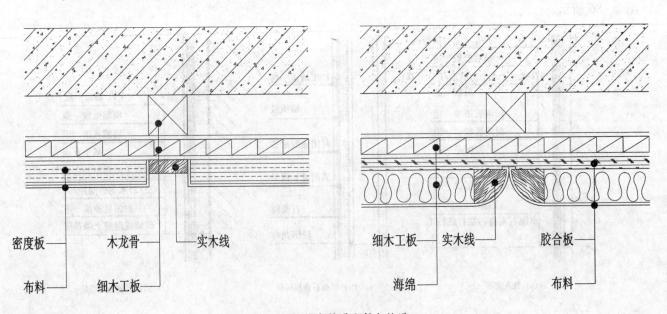

图2-88　硬包构造和软包构造

（三）板材类

板材类饰面主要有木饰面板、金属饰面板、合成装饰板等。

木饰面板

金属饰面板

合成装饰板

1. 木饰面板

装饰施工中经常使用的木饰面板一般有两种类型：一种是3mm厚木饰面板，另一种是薄木饰面板。木饰面板俗称面板，是将实木板精密剖切成厚度为0.2mm的微薄木皮，以胶合板为基材经过胶粘工艺制成的具有单面装饰作用的板材。薄木饰面木饰面板，是在木质加工厂内，将0.3～0.6mm厚的木皮（单板），粘贴在中密度板基层上，再经过热压机，压合成一定厚度的饰面板。普通厚度一般为12～18mm。

2. 金属饰面板

金属饰面板具有耐磨、耐用、防腐蚀等特点，被广泛运用于现代装饰中。常见的金属装饰板有不锈钢装饰板、铝合金装饰板、烤漆钢板和符合钢板等。金属饰面板主要采用粘贴的方式将金属饰面板固定于做好的底层上，底层常用胶合板和木工板等。

3. 合成装饰板

合成装饰板是指用其他材料通过各种工艺合成的一种装饰板材。常见的有三聚氰胺板和耐火板。

（四）陶瓷类

最常见的陶瓷饰面材料有：釉面砖（俗称瓷砖）、各类面砖、陶瓷锦砖（马赛克）等，它们的施工方法基本相同，在此仅以瓷砖为例。瓷砖构造做法如图2-89所示。

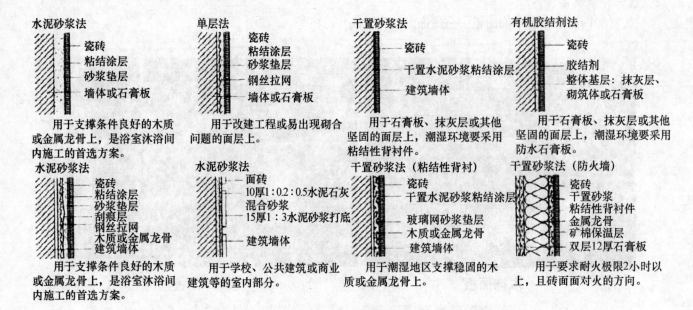

水泥砂浆法
- 瓷砖
- 粘结涂层
- 砂浆垫层
- 墙体或石膏板

用于支撑条件良好的木质或金属龙骨上,是浴室沐浴间内施工的首选方案。

单层法
- 瓷砖
- 粘结涂层
- 砂浆垫层
- 钢丝拉网
- 墙体或石膏板

用于改建工程或易出现砌合问题的面层上。

干置砂浆法
- 瓷砖
- 干置水泥砂浆粘结涂层
- 建筑墙体

用于石膏板、抹灰层或其他坚固的面层上,潮湿环境要采用粘结性背衬件。

有机胶结剂法
- 瓷砖
- 胶结剂
- 整体基层:抹灰层、砌筑体或石膏板

用于石膏板、抹灰层或其他坚固的面层上,潮湿环境要采用防水石膏板。

水泥砂浆法
- 瓷砖
- 粘结涂层
- 砂浆垫层
- 刮痕层
- 钢丝拉网
- 木质或金属龙骨
- 建筑墙体

用于支撑条件良好的木质或金属龙骨上,是浴室沐浴间内施工的首选方案。

水泥砂浆法
- 面砖
- 10厚1:0.2:0.5水泥石灰混合砂浆
- 15厚1:3水泥砂浆打底
- 建筑墙体

用于学校、公共建筑或商业建筑等的室内部分。

干置砂浆法(粘结性背衬)
- 瓷砖
- 干置水泥砂浆粘结涂层
- 玻璃网砂浆垫层
- 木质或金属龙骨
- 建筑墙体

用于潮湿地区支撑稳固的木质或金属龙骨上。

干置砂浆法(防火墙)
- 瓷砖
- 干置砂浆
- 粘结性背衬件
- 金属龙骨
- 矿棉保温层
- 双层12厚石膏板

用于要求耐火极限2小时以上,且砖面面对火的方向。

图2-89 瓷砖构造

(五)石材类

墙体饰面的石材,有花岗石、大理石、青石等天然石材以及文化石、水晶石、微晶石等人造石材。天然石材和人造石材饰面的构造和做法不尽相同。

1. 天然石材类饰面

天然石材类饰面材料重量大,因此在构造上有特定的要求。目前构造与做法主要有以下几种:

(1)聚酯砂浆固定法。做法基本与陶瓷类墙砖同,如图2-90所示。

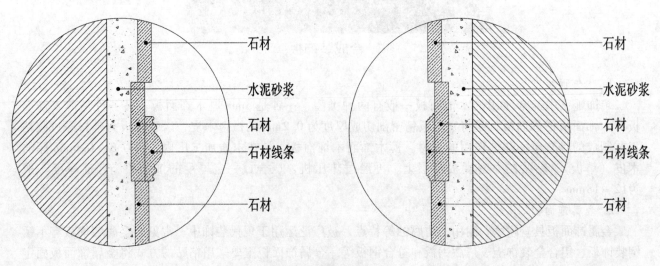

- 石材
- 水泥砂浆
- 石材
- 石材线条
- 石材

- 石材
- 水泥砂浆
- 石材
- 石材线条
- 石材

图2-90 聚酯砂浆固定法

(2)树脂胶(云石胶、AB胶)粘贴法。用胶黏剂涂抹在板材的相应位置,然后将板材粘贴在处理好的基层面上。如图2-91所示。

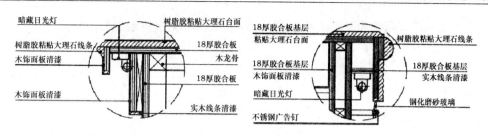

图 2-91 树脂胶粘贴法

以上两种方法适用于小块天然石材的安装。

（3）干挂法。干挂法又称空挂法，是现在石材墙面装修的主流施工工艺。该固定法是用吊挂件将饰面石材直接吊挂在墙面或空挂与钢架上，不需要灌浆粘贴。此种方法彻底避免了由于水泥砂浆受天气影响而产生的热胀冷缩并产生的墙面石材空鼓、裂缝以及脱落等问题。干挂法构造要点是按照设计在墙体基面上打孔，固定不锈钢膨胀螺栓，然后将不锈钢挂件安装在膨胀螺栓上，安装石材，然后调整固定。图 2-92 为干挂法工艺构造图。

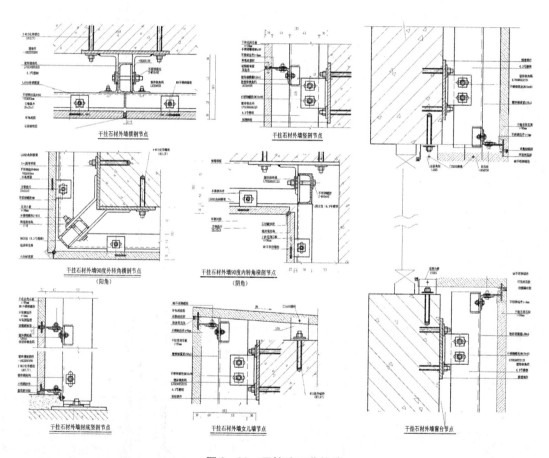

图 2-92 干挂法工艺构造

2. 人造石材类饰面

人造石材中，预制人造石材因与天然石材相近，因而饰面的构造做法与天然石材基本相同。对于大规格的板材，或安装高度较高时，都应采用干挂法进行安装固定，以保证足够的安全性。

（六）涂料类

涂料是各种饰面做法中最简单、最经济的。涂料具有价格低、工期短、功效高、自重轻、便于维护更新等优点，在室内装饰中被广泛应用。

涂料的施工方法一般有喷涂和滚涂两种方式。图 2 - 93 为常见涂料施工工艺图。

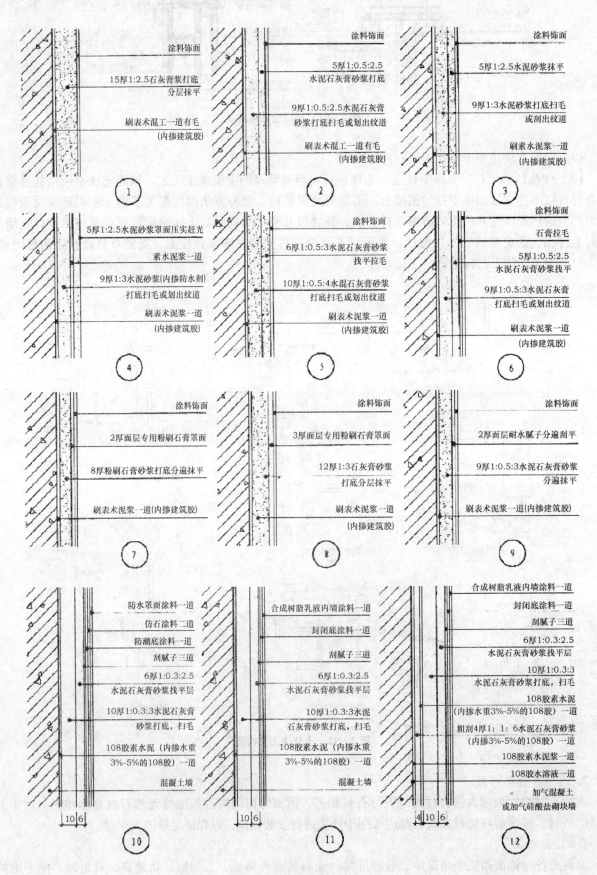

图 2 - 93 常见涂料施工工艺

三、墙身剖面图的绘制

本案例中，墙面主要装饰材料有墙纸、涂料、软包、石材和玻璃等。在此以主卧卫生间石材和软包为例，讲解墙身剖面图的绘制方法。首先在平面图中找到主卫墙面造型，将其复制出来，如图2-94所示。

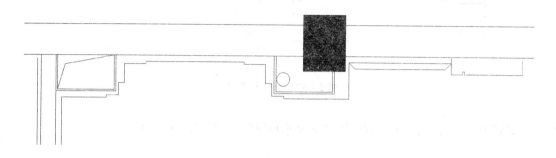

图2-94 主卫墙面

最外边的线在室内设计中叫做完成面，即最后完成施工最外边的线，只要绘制出这条线，就将整个墙身造型进行了定位（当然，这个完成面的尺寸需要根据造型的尺寸来确定）。

根据设计，绘制出前面材料的剖面，如石材、玻璃等厚度，石材为20mm，玻璃为6mm或者8mm（按照设计），并填充相应图例（前面有图例介绍），如图2-95所示。

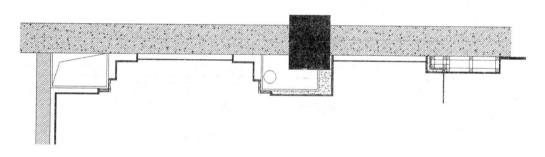

图2-95 主卫墙面剖面

然后根据需要，绘制出背部支撑结构，如石材直接用粘贴法，就绘制出里面的粘贴剂（水泥砂浆），玻璃则需要粘贴在基层板上，所以在玻璃的后面再绘制出一块基层板材，最后剩余的空间可以用小龙骨进行补充，这样大体墙身结构就绘制完成了，如图2-96所示。

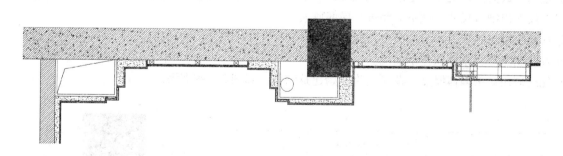

图2-96 主卫墙身结构

当然，绘制完结构后，需要对结构进行尺寸标注和材料标志，并需要对局部放大的地方进行索引，如图2-97所示。

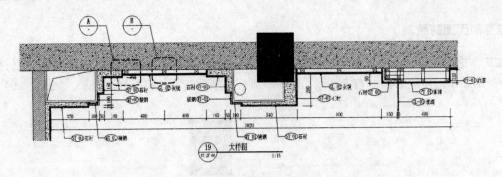

图 2-97 标注和索引

然后将局部图纸进行比例放大，并标注详细尺寸和材料，如图 2-98 所示。

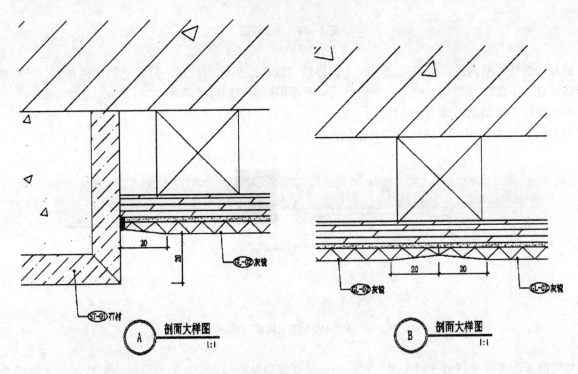

图 2-98 大样

通过局部放大图，就能清楚地看到细部结构。局部放大图根据需要绘制，如果在剖面图上已经能够很清楚地反映出细节尺寸，就不需要进行局部放大。

这样就绘制出了主卫墙身的节点大样图。

接着绘制主卧背景墙软包剖面图。

首先绘制出床头墙体厚度，此厚度为原始建筑结构。如图 2-99 所示。

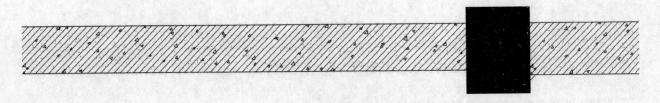

图 2-99 墙体建筑结构

然后根据设计，绘制出墙面造型，并填充相应的材料图例。如图 2 – 100 所示。

图 2 – 100 墙面填充

最后对剖面进行尺寸和材料标注，并对细部需要放大的地方进行索引，如图 2 – 101 所示。

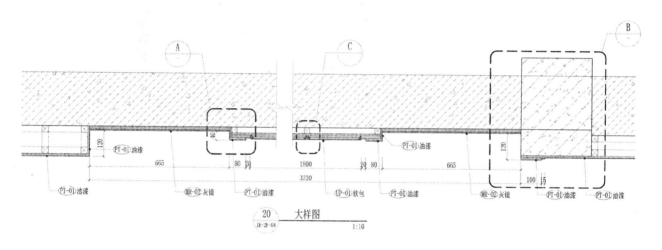

图 2 – 101 大样

对局部的图纸进行放大，并标注尺寸和材料，完成剖面图的绘制。如图 2 – 102 所示。

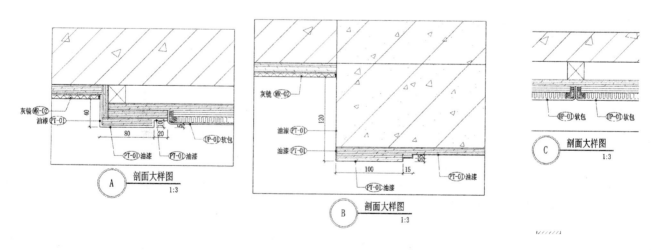

图 2 – 102 剖面大样

有时对墙面进行剖切一个方向还不能完全表现墙面造型，如主卧背景墙（可以查看前面立面图纸）就没有反映出软包与上面的墙体以及下面踢脚线的关系，是整个做成一个平面，还是软包凹进去或者凸出来的，这就需要对墙面进行竖向的剖切（立面图纸上有横剖和竖剖的索引符号）。用横剖墙面图纸绘制方法，绘制出竖向剖切墙面的墙身图，如图 2 – 103 所示。

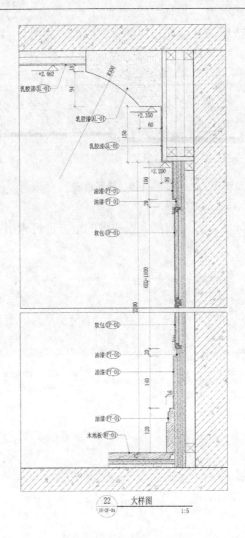

图 2 – 103　墙身竖向剖面

其他墙面根据需要也进行剖切绘制，绘制方法这里不再一一讲解。

项目三　办公空间装饰施工图的绘制

任务一　了解客户需求及设计方案的确定

知识目标

通过学习，了解办公空间的基本知识，以及办公空间的设计方法。

技能目标

通过学习，掌握与客户沟通的技巧以及形成方案的设计方法。

任务要点

了解商业办公空间设计前所做的调查、分析、交流、制订计划和如何整合所搜集到的信息，将其转化成实质的方案。学生应该深入了解对设计对象内涵鉴定、市场调查分析的重要性，以及在整个设计过程中起到的作用。

项目任务书

任务名称	了解客户需求及设计方案的确定	任务编号		时间要求	
要求	1. 了解办公空间的设计要求 2. 办公空间方案形成过程				
重点培养的能力	了解客户需求及沟通技巧与办公空间设计重点				
涉及知识	办公空间设计重点				
教学地点	教室、机房	参考资料			
教学设备	投影设备、投影幕布、电脑				

训练内容

1. **老师对案例进行分析**，讲解如何与客户进行沟通，并将收集的资料整理并转化为设计方案
2. **课堂练习**。对学生进行分组，安排课堂练习
3. **提出问题及老师答疑**。学生提出在学习过程中遇到的问题，老师作出解答

训练要求

通过对实例的学习，学生能掌握基本的沟通技巧及办公空间的设计要素

成果要求及评价标准

成果要求：

    1. 通过具体案例，学生能从中提取相关客户信息

    2. 将客户信息转化成设计方案的能力

评价标准：

    学生对客户信息的提取准确无偏差，并能将客户信息转化为设计方案

综合学生的具体表现，对学生进行评分：90~100分优秀；80~89分良好；70~79分中等；60~69分合格；60分以下不合格

项目组评价		总分	
教师评价			

项目实施计划书

项目任务与内容	教师工作任务	学生学习任务	实施地点	实施时间
制订目标、计划	布置课题、下发任务	1. 阅读任务书，明确项目任务 2. 确定学习目标，制订项目实施计划 3. 分项目组，制订项目组计划	机房	
讲解任务内容，解答相关疑问	1. 现场指导，解答学生遇到的问题 2. 管理实训课堂纪律	1. 项目组经过学习，掌握商业办公空间前期调研方法 2. 学习并理解设计商业办公空间的基本原则	机房	
项目实训	提出案例及问题	解答案例中遇到的问题		
学生自评与互评	1. 现场指导，解答学生遇到的问题 2. 管理实训课堂纪律	1. 学生自评 2. 小组互评	机房	
教师讲评	老师对整个实训进行综合性的总结、讲评			

在现代提倡"以人为本"的经济社会中，随着居住环境的不断提升，办公环境也被更多企业重视。在节奏飞速发展的今天，人们从舒适惬意的家中走出，大部分时间都是在办公环境中度过。办公空间属于公共空间的一部分，与住宅居住空间的区别在于不仅注重个性化，而且更加强调公共空间。所以，对办公空间的设计需要投入更多的精力和时间，让其更具有时代感、舒适性、节能环保等特点，从而提升员工的工作灵感、工作效率，达到加快企业快速发展、提升企业形象的目的。

一、了解客户需求

商业办公空间的设计与一般的家居装饰设计不同。比起家居空间注重装饰效果来讲，商业办公空间更加注重实用性，在装饰效果上力求简洁、大方，做到经济美观、空间利用合理。

由于不同的办公空间对应的工作对象不同，因此不同的办公空间的设计需求也不相同，这就需要设计师们通过搜集相关信息，用与客户交流沟通等方式对所需要设计的办公空间进行调查，以便设计出符合需求的办公空间。

（一）前期资料搜集

在对办公空间进行设计之前，需要搜集所设计对象的相关信息。通过现场走访、测量、拍照等方式记录所要设计的空间环境。如建筑楼层及高度、门窗的位置、梁的位置及尺寸大小等。因为这些会直接影响到后期方案设计。还要对建筑的结构及周边环境进行调查，比如建筑的朝向会直接影响室内空间的光照条件，如果光照不足，则需要更多地考虑布置人工光源来弥补自然光照。周边环境（如建筑）所处的地理位置是城市繁华地段还是相对安静的地段。不同的地段，外界对室内空间的噪声干扰程度是不一样的，这就直接影响到后期设计对材料的运用及选择。总结起来有以下几点：

（1）建筑的基本结构认知。

（2）基本尺寸的采集。

（3）细节尺寸的核算（主次梁的高度、管道的位置及尺寸等）。

（4）周边环境分析（解决室内光照及隔音问题）。

（二）与客户沟通

与客户沟通主要需要了解以下相关信息：

1. 空间对象的工作性质

所要设计的空间属于什么性质，是做销售、设计还是生产加工，不同行业所要表现的方式不同。所要设计的空间对象需要有多少个部门和共用空间（如门厅、接待室、会议室等），办公空间是敞开式还是封闭式，空间有没有特殊的设备及设施等。

2. 客户对空间设计的审美倾向

在荷兰的阿姆斯特丹，有一家叫 Gummo 的公司，它就以不同的审美方式构建了一处舒适、优雅，令人惊喜的办公空间。

办公室里的一切都按照白色和黑色的配色方案来进行设计。这种单一的色彩非但没有使空间变得呆板，反而使空间有了一种幽默感和时尚感。如图 3－1 所示。

图 3－1　Gummo 广告公司办公室

3. 客户的预计投资

4. 某些特殊要求

门厅是整个办公空间最重要的位置，是给来客第一印象的空间，因此许多企业对门厅的设计有**特殊**的要求。如在门厅处要将自己的企业文化展示出来，或者展示一些具有重大特殊意义的雕塑或者挂画之类的东西。

李奥贝纳是世界最著名的广告人之一，在相当长的时间里他就是创造力与革新力的化身。他于 1935年在美国芝加哥成立了自己的广告公司，在全球 80 多个国家设有 100 多个办事处，并为麦当劳、可口可乐、迪士尼等主笔广告设计。在他逝世后，他的精神始终影响着业界。设计师希望来客在进入他的设计公司后，能够感受到他所具有的头脑风暴的"冲击力"，于是一个异常庞大的涂鸦应运而生。这幅仅用简单的黑白线条来描摹李奥贝纳神韵的肖像画，不仅是后人对其的一种尊敬，同时亦是契合了该公司广告作品中所表现出来的创造力与创新力。如图 3－2 所示。

图 3 - 2　李奥贝纳电梯间的涂鸦

二、办公空间设计的基本原则

商业办公空间设计是一项复杂的设计过程，随着社会、经济、科技的飞速发展，为不断满足商业办公空间的有效利用和功能全面性的需求，商业办公空间的设计需要满足基本的设计原则：空间优化原则、功能性原则、人性美化原则和环境净化原则。如图 3 - 3 所示。

图 3 - 3　办公空间的合理利用

（一）空间优化原则

空间设计是对整个空间的规划、界定以及装饰的过程。商业办公空间设计是在原建筑设计的基础上进行深入再设计。原建筑空间有的不符合商业办公空间的功能和美学要求，因此最大化地利用原空间的同时，最优化解决原空间存在的弊端，是实现空间优化的重要原则。

（二）功能性原则

满足商业办公工作形式的功能需要是商业办公空间设计的重要任务，也是办公空间划分布局的依据。一般商业办公空间功能的实现表现在使用功能、审美功能和安全功能。

1. 使用功能

对于商业办公空间，首先满足的是商业活动的工作需要，其次是生活功能的需要，最后才是休息功能的需要，如图3-4、图3-5、图3-6和图3-7所示。

图3-4　宽敞明亮的办公空间体现工作需要

图3-5　办公接待空间体现工作需要

图3-6　办公休闲空间体现生活需要

图3-7　办公休息空间体现休息需要

2. 审美功能

对于商业办公空间，除了满足其使用功能外，对于企业形象展示功能、人性心理美化功能同样具有必要性，如图3-8、图3-9所示。

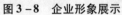

图 3 - 8　企业形象展示

图 3 - 9　灯光和植物美化工作环境

3. 安全功能

　　在办公空间设计中对于人员密集的过道、楼梯、电梯、各种扶手，以及基础设施的水、电等，不仅追求视觉审美要求，更应该强调安全性，所做设计应符合相关安全规范，如图 3 - 10、图 3 - 11 所示。

图 3 - 10　楼梯安全

图 3 - 11　安全功能

（三）人性美化原则

"以人为本"永远是设计中的原则，在商业办公空间同样需要遵循。只有真正满足人的需求的空间设计才是最合适的设计。如图 3 - 12、图 3 - 13 和图 3 - 14 所示。

图 3 - 12　人性的办公空间

图 3 - 13　人性的休闲环境

图 3 - 14 充满趣味性的空间

（四）环境净化原则

商业办公空间的环境净化程度直接影响到办公人员的工作效率。办公空间设计材料的环保性关系到人的生理健康，而办公空间的绿化程度涉及人的心理健康，如图 3 - 15、图 3 - 16 所示。

三、方案确定

方案确定是一个非常重要的阶段，是对前期搜集资料、客户沟通、整理思路的一个整体表现，也是后续进行施工图设计的前提阶段。在充分收集资料以及与客户进行了充分沟通之后，就可以在拟订基本方案，出具草图并反复商讨方案的可行性和经济性后，基本能将方案确定下来。

图 3 - 17 是某办公楼的原始建筑平面。通过沟通得知：整个空间除了具备基本办公空间应有的接待台、展示区、休息区、洽谈区、办公室、经理部门和会议室外，客户希望将整个办公空间区域划分合理，完美利用好每一个有用空间，并且把会议室作为设计重点，其他办公区则以简洁实用为原则，使空间设计具有现代感，同时还要融入艺术气息。同时还希望办公环境的色调采用蓝灰调，从而使员工办公的心情能够沉静下来，工作效率才能得到提高。当然，在办公室里布置绿植也是必不可少的，这样可以使办公室更具生命活力。

总体来说，需要营造一个具有创造性、舒适、健康、富有人性的办公环境，并将企业的精神文化在各个角度体现出来。原始建筑图如图 3 - 17 所示。

图 3 - 15 自然环境与办公环境和谐统一

图 3-16　绿色植物为办公空间增添乐趣

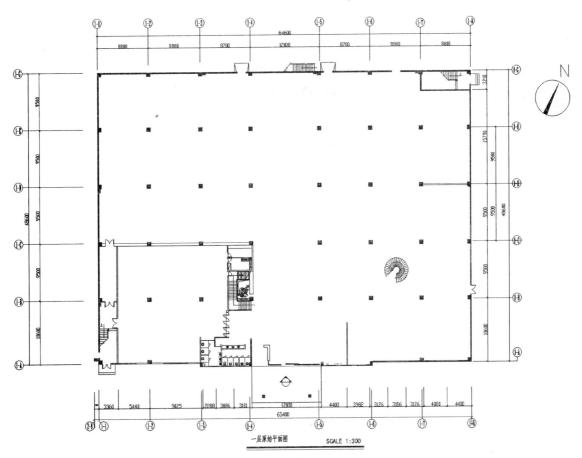

图 3-17　一层原始建筑图

　　结合客户的基本要求，并综合考虑建筑本身结构及周边环境，多次与客户沟通修改，最终确定了平面方案，如图 3-18 所示。

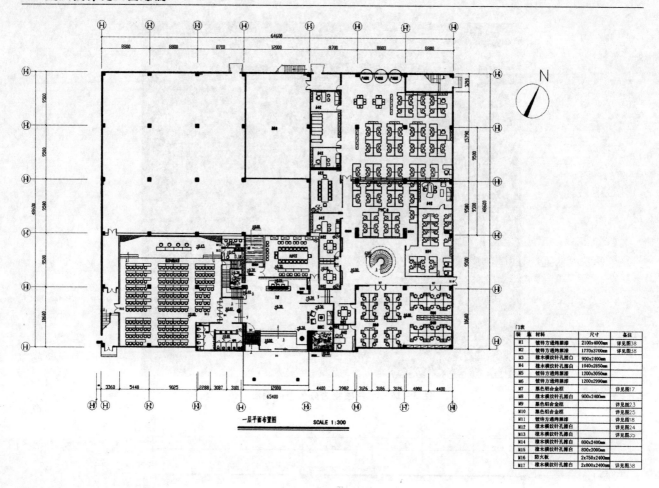

一层平面布置图　　SCALE 1:300

门表			
装 族	材料	尺寸	备注
M1	镀锌方通烤漆搪瓷	2100x4000mm	详见图38
M2	镀锌方通烤漆搪瓷	1770x3700mm	详见图38
M3	橡木横纹针孔擦白	900x2400mm	
M4	橡木横纹针孔擦白	1040x2850mm	
M5	镀锌方通烤漆搪瓷	1200x3050mm	
M6	镀锌方通烤漆搪瓷	1200x2990mm	
M7	黑色铝合金框		详见图17
M8	橡木横纹针孔擦白	900x2400mm	
M9	黑色铝合金框		详见图23
M10	黑色铝合金框		详见图25
M11	镀锌方通烤漆搪瓷		详见图18
M12	橡木横纹针孔擦白		详见图24
M13	橡木横纹针孔擦白		详见图35
M14	橡木横纹针孔擦白	800x2400mm	
M15	橡木横纹针孔擦白	800x2000mm	
M16	防火板	2x750x2400mm	
M17	橡木横纹针孔擦白	2x800x2400mm	详见图38

图 3-18　平面方案

任务二　平面图的绘制

知识目标

通过学习，了解办公空间的平面图组成部分，并能绘制整套办公空间平面图。

技能目标

通过学习，掌握办公空间主要平面图的组成及绘制。

任务要点

掌握办公空间平面图的组成部分，并能够独立绘制整套办公空间的平面图纸。

项目任务书

任务名称	平面图的绘制	任务编号		时间要求	
要求	1. 了解办公空间平面图的组成部分 2. 掌握办公空间平面图的绘制方法				
重点培养的能力	商业办公空间平面图的组成部分及绘制方法				
涉及知识	商业办公空间平面图的组成				
教学地点	教室、机房	参考资料			
教学设备	投影设备、投影幕布、电脑				

训练内容

1. 老师对案例进行分析，讲解办公空间平面图的绘制方法

2. 课堂练习。对学生进行分组，安排课堂练习

3. 提出问题及老师答疑。学生提出在学习过程中遇到的问题，老师作出解答

训练要求

通过对实例的学习，学生能够掌握办公空间平面图的绘制

成果要求及评价标准

成果要求：

　　1. 通过具体案例，学生清楚理解平面图的组成

　　2. 具备独立绘制平面图的能力

评价标准：

　　准确说出一般商业空间平面图的组成，并能完成整套平面图的绘制

综合学生的具体表现，对学生进行评分：90～100分优秀；80～89分良好；70～79分中等；60～69分合格；60分以下不合格

项目组评价		总分	
教师评价			

项目实施计划书

项目任务与内容	教师工作任务	学生学习任务	实施地点	实施时间
制订目标、计划	布置课题、下发任务	1. 阅读任务书，明确项目任务 2. 确定学习目标，制订项目实施计划 3. 分项目组，制订项目组计划	机房	
讲解任务内容，解答相关疑问	1. 现场指导，解答学生遇到的问题 2. 管理实训课堂纪律	项目组经过学习，掌握商业办公空间平面图的绘制方法	机房	
项目实训	提出案例及问题	解答案例中遇到的问题		
学生自评与互评	1. 现场指导，解答学生遇到的问题 2. 管理实训课堂纪律	1. 学生自评 2. 小组互评	机房	
教师讲评	老师对整个实训进行综合性的总结、讲评			

　　平面图纸一般包括原始建筑平面、砌墙图（隔墙图）、平面布置图、地面材料布置图（地面布置图）、天花布置图、灯具定位图等。开关插座布置图以及给排水系统图则需要其他相关专业配合完成，在此不作讲解。

　　原始建筑平面图纸一般由业主（物业）提供，砌墙图（隔墙图）是用来表示空间分割墙体的位置以及墙体厚度的图纸，平面布置图是用来表示室内空间基本布置的图纸，地面材料图则是反映室内各空间地面所用材料及规格的图纸，天花布置图是反映天花吊顶造型以及材料的图纸。

　　平面图纸的画法相对来说并没有什么难度，都是在原始平面图的基础上，将空间用各种线条进行划分，只要把握好尺寸就能够将所有平面图纸绘制出来。砌墙图只需在原始建筑平面的基础上，在需要分隔的地方绘制出墙体，如图 3－19 所示。

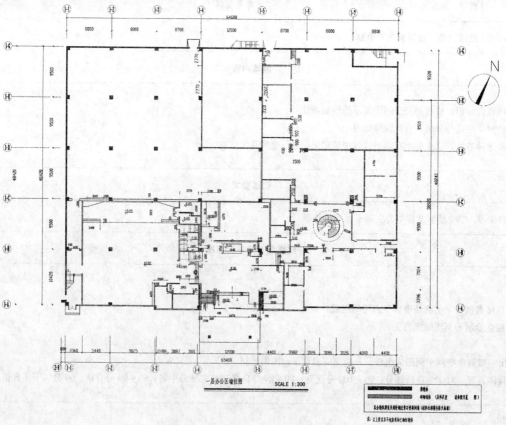

图 3－19　砌墙图

平面布置图则是在隔墙图的基础上，按照空间功能需要，放置好相应的家具或者绘制相应的墙面柜体及造型，如图3－20所示。

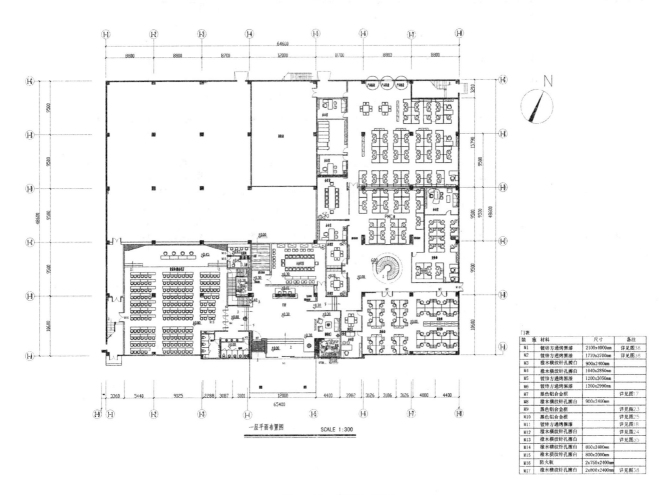

图3－20　平面布置图

地面材料布置图则是在隔墙图的基础上，对每个空间的地面材料进行区分，相对来说也比较简单，如图3－21所示。

天花布置图和地面材料布置图的绘制方法基本相同，一个是地面造型及材料，另一个是天花造型及材料，如图3－22所示。

平面索引图是用来索引每个平面空间所对应的四个立面在立面图上的位置，只需在平面布置图上放置索引符号，并将每个空间标注相应的图纸编号即可，如图3－23所示。

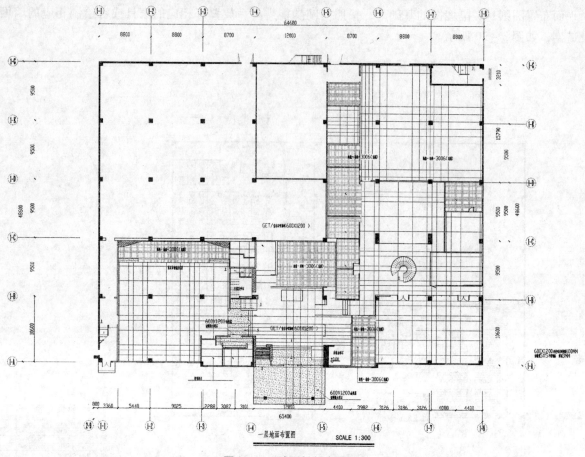

图3-21　地面材料布置图

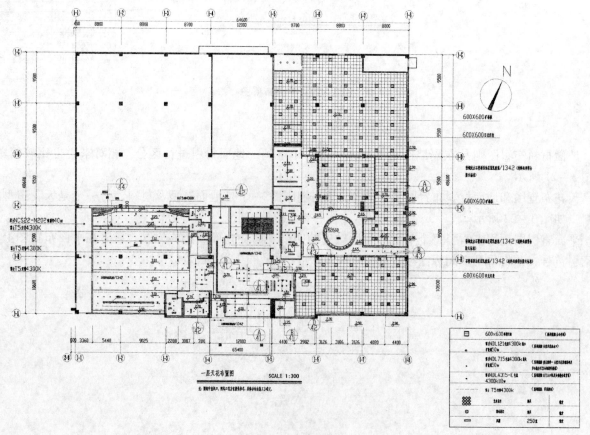

图3-22　天花布置图

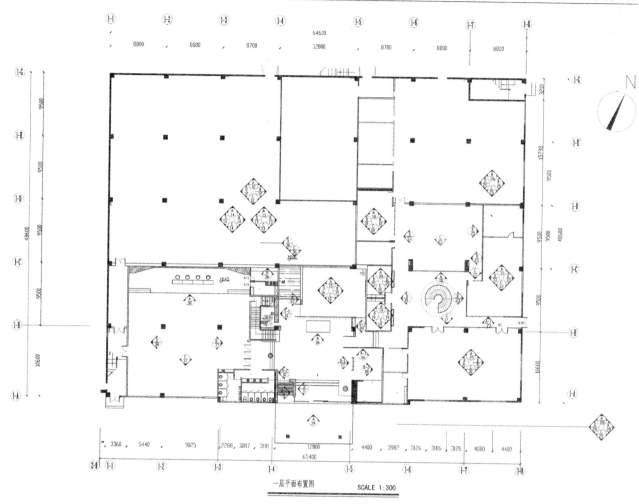

一层平面布置图　　　　SCALE 1:300

图 3 - 23　平面索引图

注：平面索引图的编号可能由于后面绘制出的立面的排版情况略有不同，可依据后面绘制出的具体立面排版情况进行调整。

　　至此，本案例所有一层平面图纸（由于本案例中办公楼层数较多，仅以一层为例进行讲解）绘制就基本完成。

任务三　办公空间各立面图的绘制

知识目标

通过学习，了解办公空间的立面图的绘制方法及相关规范。

技能目标

通过学习，掌握办公空间主要立面图的绘制规范。

任务要点

掌握办公空间立面图的绘制规范；立面图里面应该包含各立面基本造型、各立面造型尺寸以及相应的材料标注。

项目任务书

任务名称	办公空间各立面图的绘制	任务编号		时间要求	
要求	1. 了解办公空间立面图的绘制方法 2. 掌握办公空间立面图绘制规范				
重点培养的能力	商业办公空间立面图的相关规范及绘制方法				
涉及知识	商业办公空间立面图的绘制				
教学地点	教室、机房	参考资料			
教学设备	投影设备、投影幕布、电脑				

训练内容

1. 老师对案例进行分析，讲解办公空间立面图的绘制方法
2. 课堂练习。对学生进行分组，安排课堂练习
3. 提出问题及老师答疑。学生提出在学习过程中遇到的问题，老师作出解答

训练要求

通过对实例的学习，学生能掌握办公空间立面图的绘制

成果要求及评价标准

成果要求：

　　1. 通过具体案例，学生清楚掌握立面图的绘制规范

　　2. 独立绘制立面图的能力

评价标准：

　　独立绘制的立面图符合施工图相关规范，标注准确无误

综合学生的具体表现，对学生进行评分：90～100分优秀；80～89分良好；70～79分中等；60～69分合格；60分以下不合格

项目组评价				总分	
教师评价					
制订目标、计划	布置课题、下发任务	1. 阅读任务书，明确项目任务 2. 确定学习目标，制订项目实施计划 3. 分项目组，制订项目组计划		机房	

续表

任务名称	办公空间各立面图的绘制	任务编号		时间要求	
讲解任务内容，解答相关疑问	1. 现场指导，解答学生遇到的问题 2. 管理实训课堂纪律	项目组经过学习，掌握商业办公空间立面图的绘制方法		机房	
项目实训	提出案例及问题	解答案例中遇到的问题			
学生自评与互评	1. 现场指导，解答学生遇到的问题 2. 管理实训课堂纪律	1. 学生自评 2. 小组互评		机房	
教师讲评	老师对整个实训进行综合性的总结、讲评				

一般商业办公空间造型相对于家居室内空间较简单，但由于空间面积较大，立面较多，一般一个完整的商业办公空间一整套图纸绘制出来少则一两百张，多则七八百张，在此仅以一个空间作为案例进行详细讲解立面图的绘制步骤，其余立面则不作一一演示。下面以财务主管部立面为例，讲解立面图的绘制步骤。

财务主管部的平面图如图 3-24 所示。

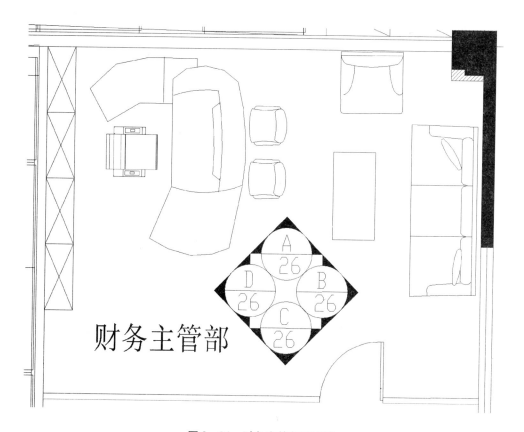

图 3-24　财务主管部平面图

（1）首先绘制 A 立面，对照平面图，绘制出 A 立面的长度及两边界线墙体，根据建筑图纸，绘制出 A 立面的高度，如图 3-25 所示。

（2）绘制出天花标高线和踢脚线，如图 3-26 所示。

（3）绘制墙面分界线及造型线。修剪掉多余部分的线条，如图 3-27 所示。

（4）完善内部细节，如墙面填充相应材料图例，内部家具等（由于本案例中的家具都为成品订购，所以不需要专门绘制，用相近图块示意即可）。如图 3-28 所示。

图 3 – 25　绘制基本框架

　　　　　　　　　　　　　　　　　　　　天花标高线

　　　　　　　　　　　　　　　　　　　　踢脚线

图 3 – 26　绘制天花标高线和踢脚线

图 3 – 27　绘制墙面分界线及造型线

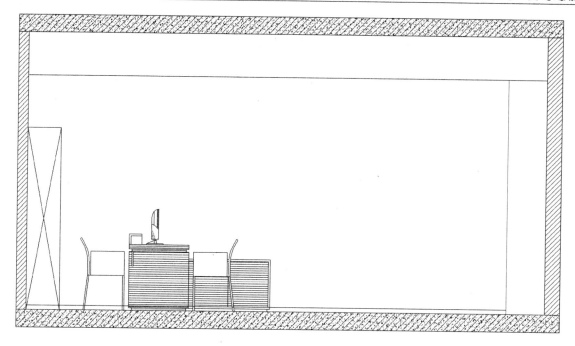

图3-28 完善内部细节

（5）标注尺寸及相关材料。如图3-29所示。

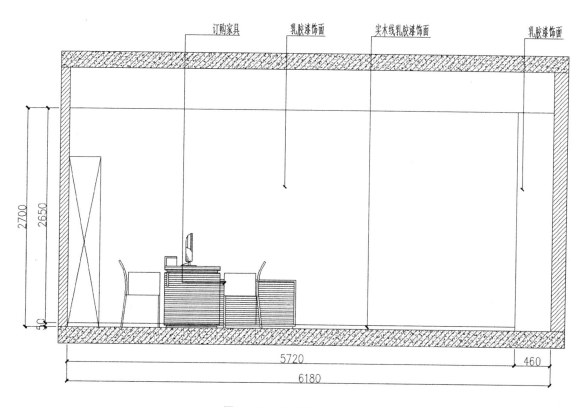

图3-29 尺寸及材料标注

（6）用同样的方法绘制B立面，首先绘制出基本框架结构，玻璃隔断用细线表示，如图3-30所示。

（7）绘制天花线和踢脚线，如图3-31所示。

（8）绘制墙面造型线及分界线，如图3-32所示。

图 3 – 30　绘制基本框架

图 3 – 31　绘制天花线和踢脚线

图 3 - 32 绘制墙面分界线

（9）完善内部细节，填充相应材料图案，丰富画面。如图 3 - 33 所示。

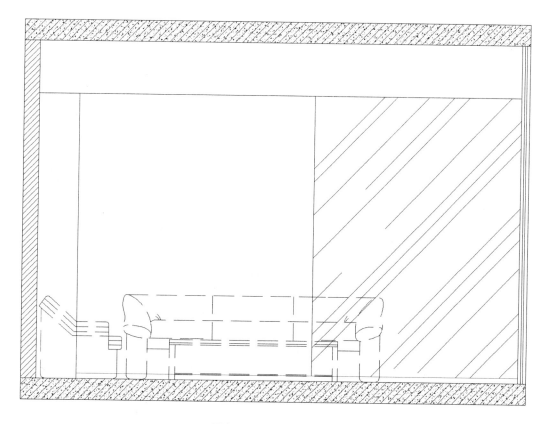

图 3 - 33 完善内部细节

（10）标注尺寸及相关材料。如图 3 -34 所示。

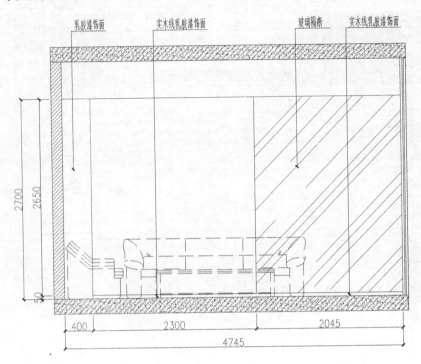

图 3 -34　尺寸及材料标注

由于篇幅限制，在此不再演示其余立面的详细画法，基本步骤和此立面画法一样，只是墙面造型稍微有些不同。本案例空间所有立面图纸如图 3 -35、图 3 -36、图 3 -37 所示，供大家学习参考。

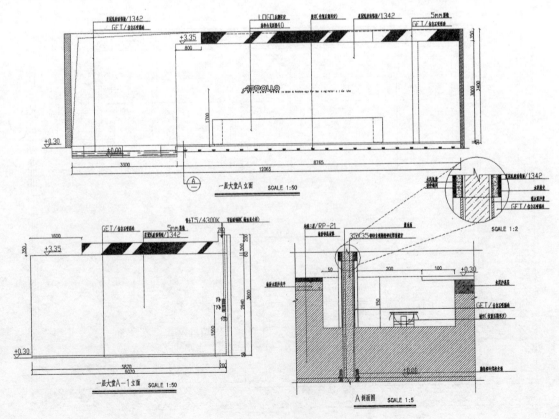

图 3 -35　立面（1）

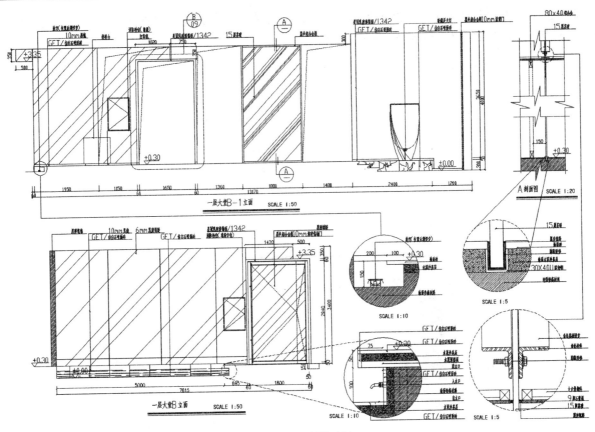

图 3-36 立面（2）

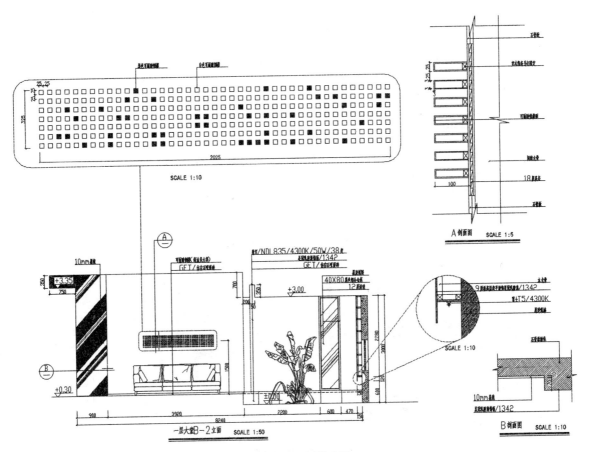

图 3-37 立面（3）

　　此处立面造型详图直接在本张图纸中放大表现，这种做法一般更适合节点图纸较少的空间，不必另外绘制节点大样图。如图3－38至图3－67所示。

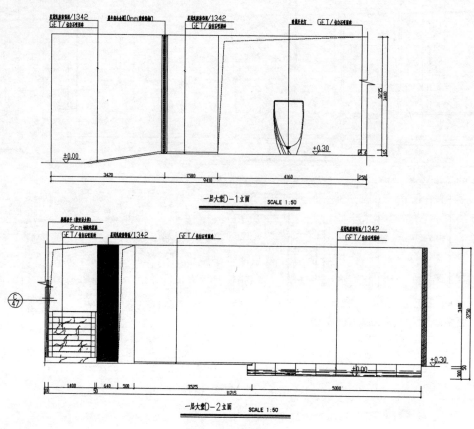

图3－38　立面（4）

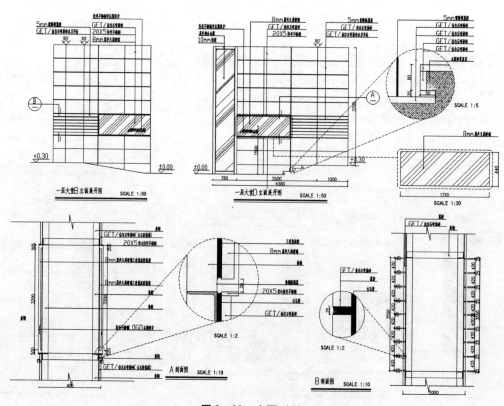

图3－39　立面（5）

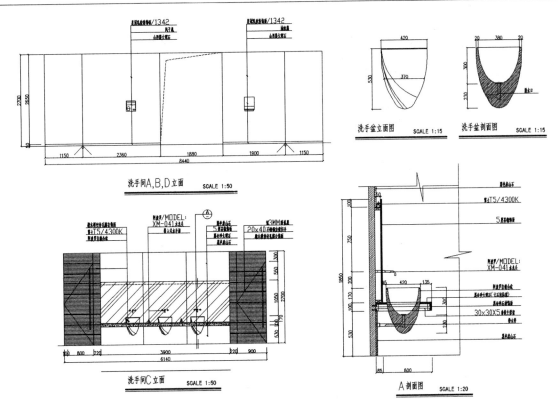

图 3-40 立面（6）

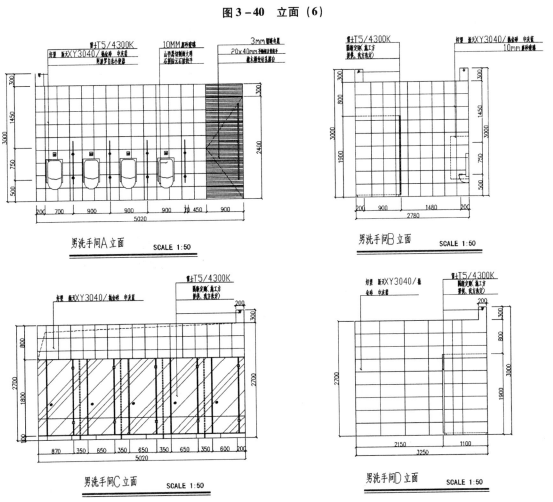

图 3-41 立面（7）

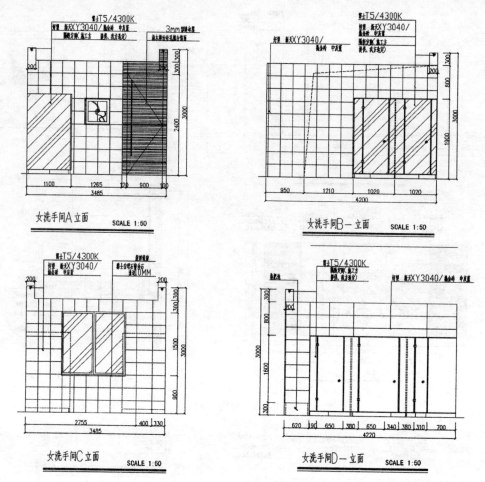

图 3-42 立面 (8)

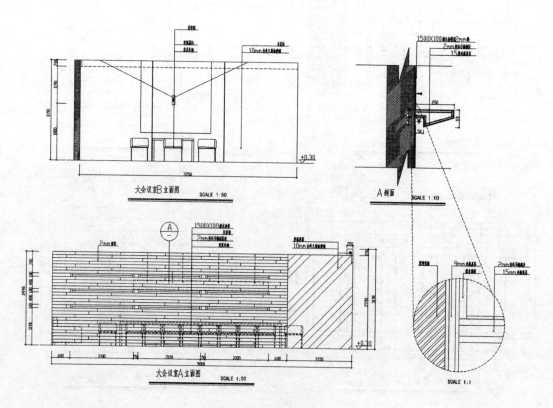

图 3-43 立面 (9)

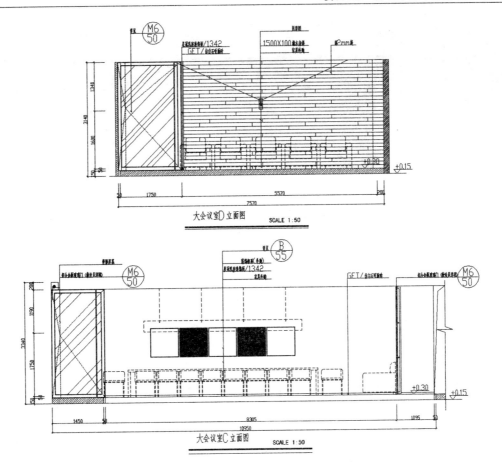

图 3-44　立面（10）

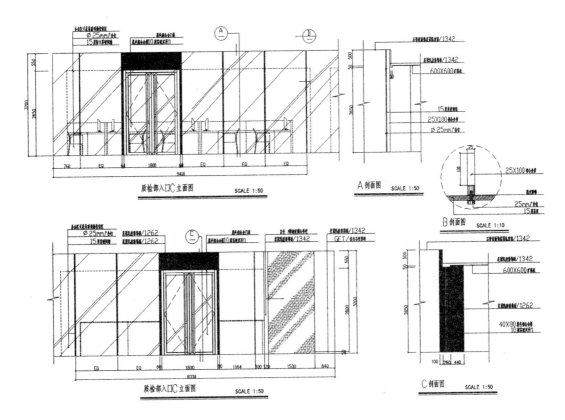

图 3-45　立面（11）

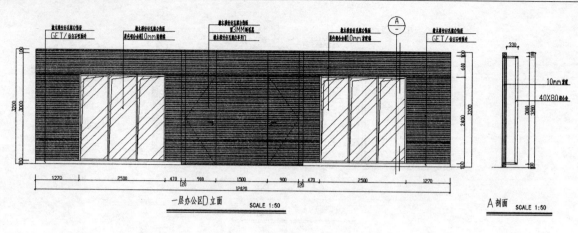

一层办公区D立面　SCALE 1:50

A剖面　SCALE 1:50

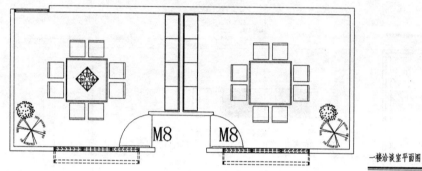

一楼洽谈室平面图　SCALE 1:50

图 3-46　立面（12）

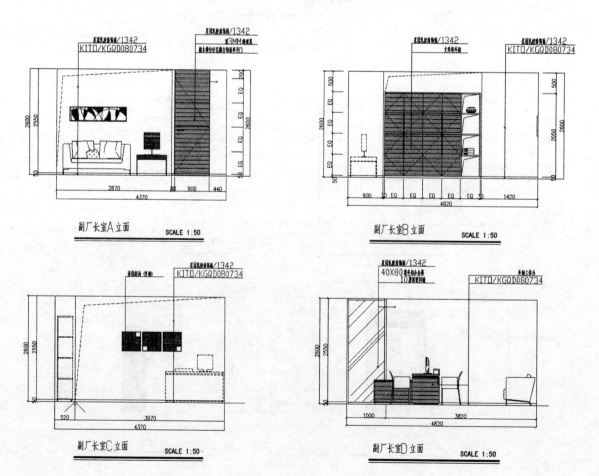

副厂长室A立面　SCALE 1:50

副厂长室B立面　SCALE 1:50

副厂长室C立面　SCALE 1:50

副厂长室D立面　SCALE 1:50

图 3-47　立面（13）

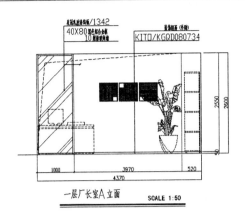

一层厂长室A立面 SCALE 1:50

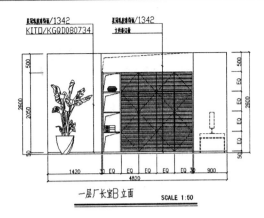

一层厂长室B立面 SCALE 1:50

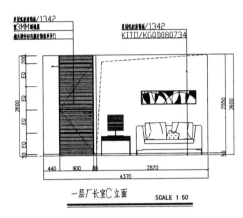

一层厂长室C立面 SCALE 1:50

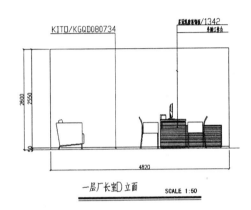

一层厂长室D立面 SCALE 1:50

图 3-48 立面（14）

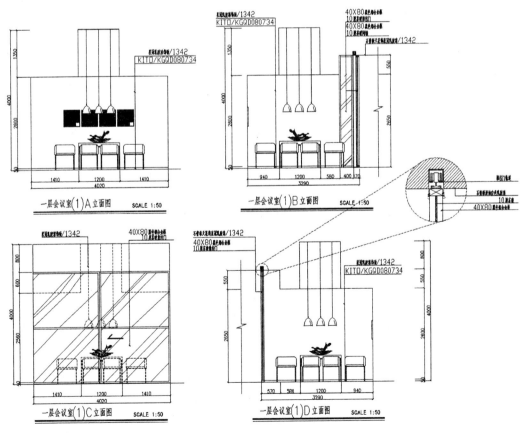

一层会议室(1)A立面图 SCALE 1:50

一层会议室(1)B立面图 SCALE 1:50

一层会议室(1)C立面图 SCALE 1:50

一层会议室(1)D立面图 SCALE 1:50

图 3-49 立面（15）

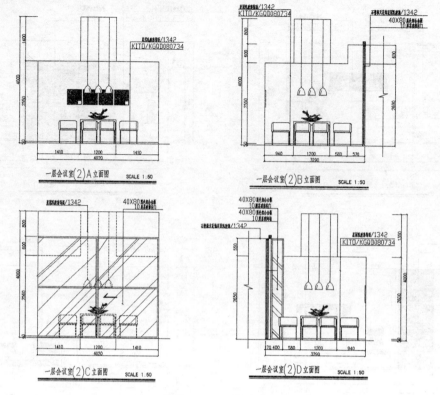

图 3-50 立面 (16)

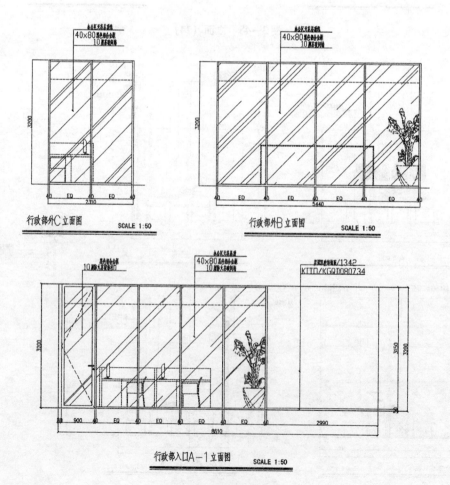

图 3-51 立面 (17)

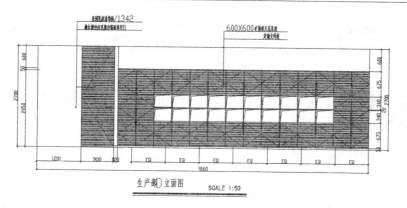

生产部D立面图　　SCALE 1:50

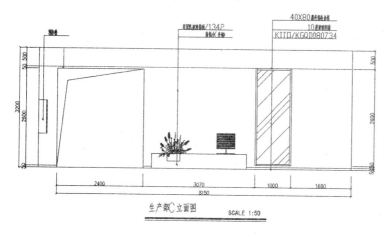

生产部C立面图　　SCALE 1:50

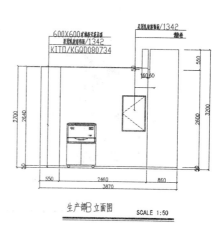

生产部B立面图　　SCALE 1:50

图 3-52　立面（18）

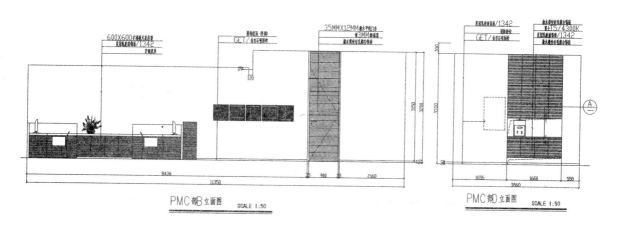

PMC部B立面图　　SCALE 1:50

PMC部D立面图　　SCALE 1:50

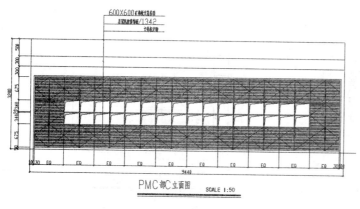

PMC部C立面图　　SCALE 1:50

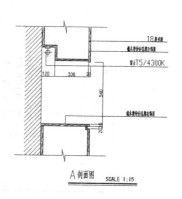

A剖面图　　SCALE 1:15

图 3-53　立面（19）

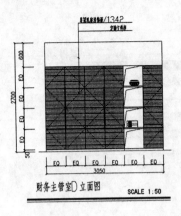

财务主管室D立面图　SCALE 1:50

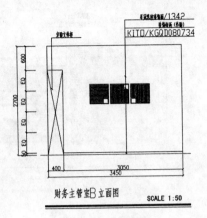

财务主管室B立面图　SCALE 1:50

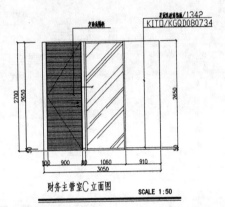

财务主管室C立面图　SCALE 1:50

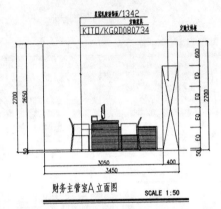

财务主管室A立面图　SCALE 1:50

图3-54　立面（20）

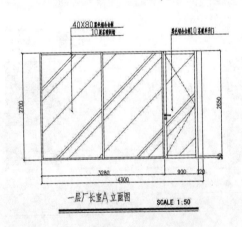

一层厂长室A立面图　SCALE 1:50

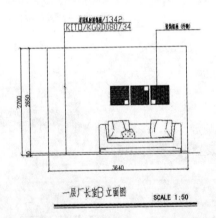

一层厂长室B立面图　SCALE 1:50

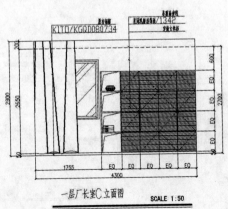

一层厂长室C立面图　SCALE 1:50

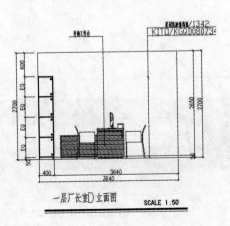

一层厂长室D立面图　SCALE 1:50

图3-55　立面（21）

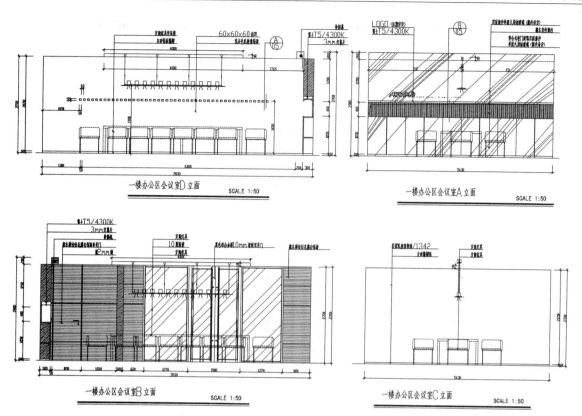

图3-56 立面 (22)

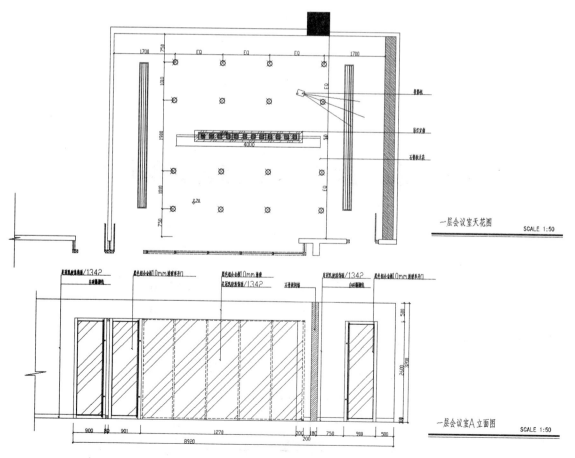

图3-57 立面 (23)

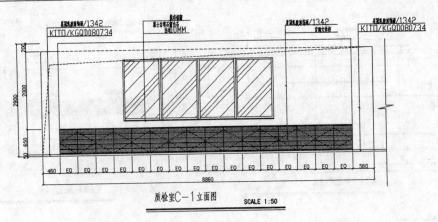

质检室C-1立面图　SCALE 1:50

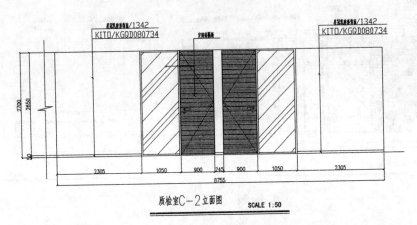

质检室C-2立面图　SCALE 1:50

图3-58　立面（24）

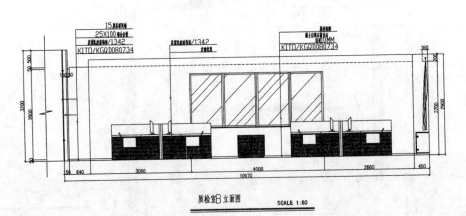

质检室B立面图　SCALE 1:50

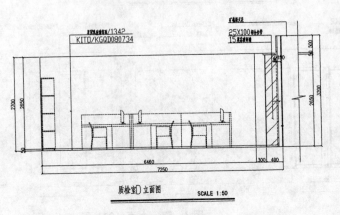

质检室D立面图　SCALE 1:50

图3-59　立面（25）

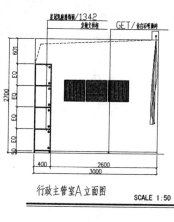

行政主管室A立面图　　SCALE 1:50

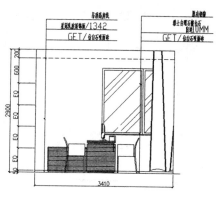

行政主管室B立面图　　SCALE 1:50

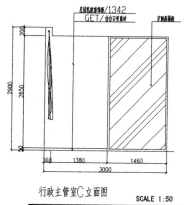

行政主管室C立面图　　SCALE 1:50

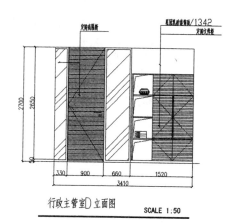

行政主管室D立面图　　SCALE 1:50

图 3 - 60　立面（26）

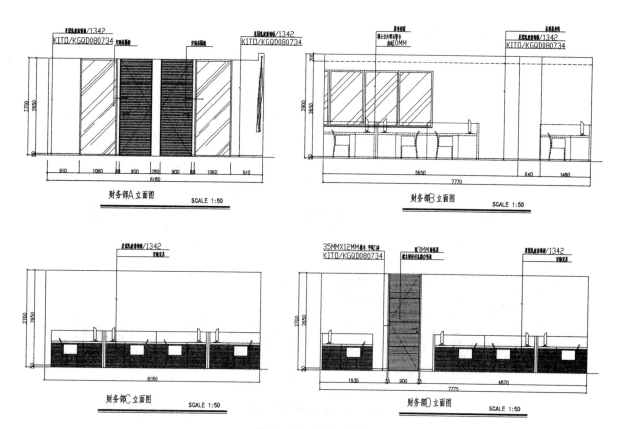

财务部A立面图　　SCALE 1:50

财务部B立面图　　SCALE 1:50

财务部C立面图　　SCALE 1:50

财务部D立面图　　SCALE 1:50

图 3 - 61　立面（27）

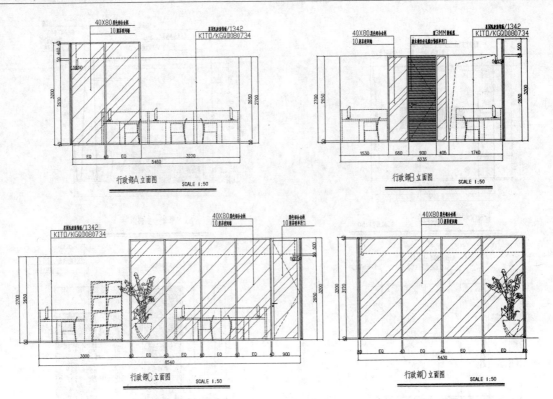

行政部A立面图   SCALE 1:50

行政部B立面图   SCALE 1:50

行政部C立面图   SCALE 1:50

行政部D立面图   SCALE 1:50

图 3 - 62   立面（28）

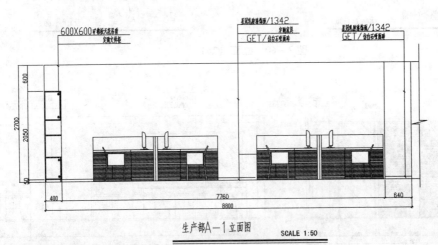

生产部A-1立面图   SCALE 1:50

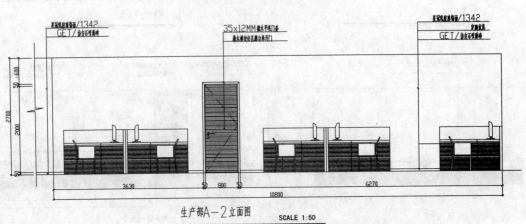

生产部A-2立面图   SCALE 1:50

图 3 - 63   立面（29）

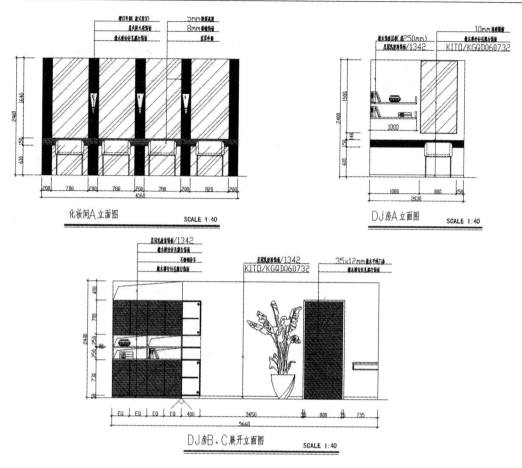

化妆间A立面图　　SCALE 1:40

DJ房A立面图　　SCALE 1:40

DJ房B、C展开立面图　　SCALE 1:40

图 3-64　立面（30）

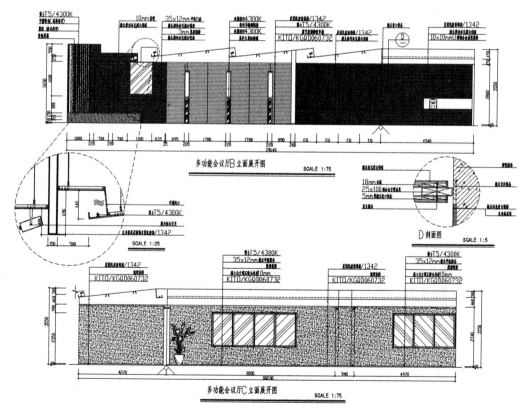

多功能会议厅B立面展开图　　SCALE 1:75

D 剖面图　　SCALE 1:5

SCALE 1:25

多功能会议厅C立面展开图　　SCALE 1:75

图 3-65　立面（31）

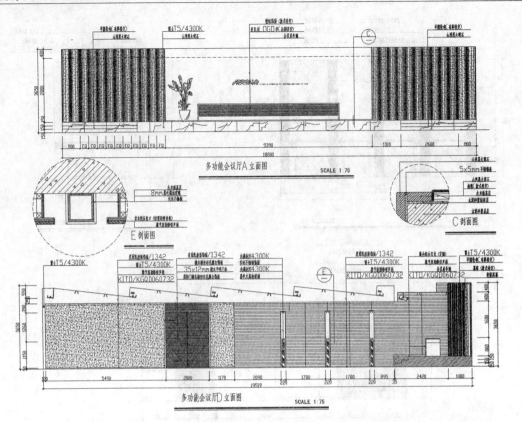

图 3-66 立面 (32)

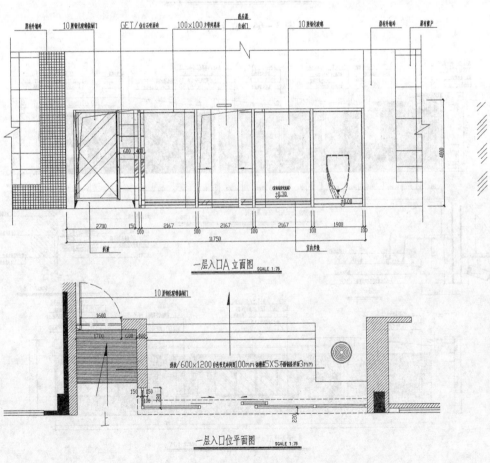

图 3-67 立面 (33)

任务四 天花节点大样图的绘制

知识目标

通过学习，了解一般天花材料的施工工艺及节点大样图的绘制方法。

技能目标

通过学习，掌握一般石膏板天花节点的绘制方法。

任务要点

学习一般石膏板天花的施工工艺及节点大样图的绘制方法。

项目任务书

任务名称	天花节点大样图的绘制		任务编号		时间要求	
要求	1. 了解石膏板天花的施工工艺 2. 掌握石膏板天花节点大样图的绘制方法					
重点培养的能力	石膏板的施工工艺					
涉及知识	石膏板的施工工艺及节点大样图的绘制					
教学地点	教室、机房	参考资料				
教学设备	投影设备、投影幕布、电脑					

训练内容

1. 老师对案例进行分析，讲解石膏板施工工艺及节点大样图的绘制过程

2. 课堂练习。对学生进行分组，安排学生的课堂练习

3. 提出问题及老师答疑。学生提出在学习过程中遇到的问题，老师作出解答

训练要求

通过对实例的学习，学生能够掌握石膏板天花节点大样图的绘制

成果要求及评价标准

成果要求：

　　1. 通过具体案例，使学生清楚表述石膏板内部结构

　　2. 独立绘制石膏板天花节点图

评价标准：

　　表述准确，绘制的节点图正确无误

综合学生的具体表现，对学生进行评分：90～100分优秀；80～89分良好；70～79分中等；60～69分合格；60分以下不合格

项目组评价			总分	
教师评价				
制订目标、计划	布置课题、下发任务	1. 阅读任务书，明确项目任务 2. 确定学习目标，制订项目实施计划 3. 分项目组，制订项目组计划	机房	

续表

讲解任务内容，解答 相关疑问	1. 现场指导，解答学生遇到的问题 2. 管理实训课堂纪律	项目组经过学习，掌握石膏板天花的节点大 样图的绘制方法	机房	
项目实训	提出案例及问题	解答案例中遇到的问题		
学生自评与互评	1. 现场指导，解答学生遇到的问题 2. 管理实训课堂纪律	1. 学生自评 2. 小组互评	机房	
教师讲评	老师对整个实训进行综合性的总结、讲评			

石膏板是目前最为流行的天花吊顶材料，因其良好的防潮、防火性能而广泛被用在各种家居装饰和商业装饰中。石膏板的安装工艺如图 3 – 68 所示，在接触部位以螺钉固定，并用油漆处理钉帽。

学习了解了石膏板工艺之后，以本商业办公空间男洗手间天花为例来讲解石膏板节点图的绘制方法。图 3 – 69 和图 3 – 70 分别为男洗手间的平面布置图和对应的天花布置图。

男洗手间的天花布置很简单，在洗手间靠墙三边各有一条灯带，洗手间中间只有三个筒灯和两个排气口。在图面上看到，已经从墙的灯带处进行了剖切，节点图就是假想从某个地方将其切开，然后绘制出里面的构造。

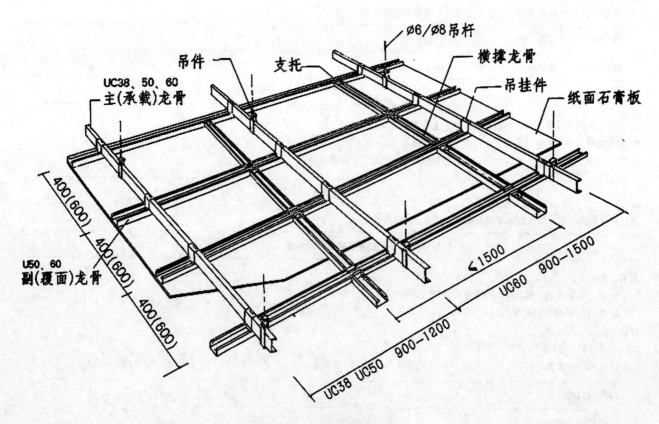

图 3 – 68　石膏板安装示意图

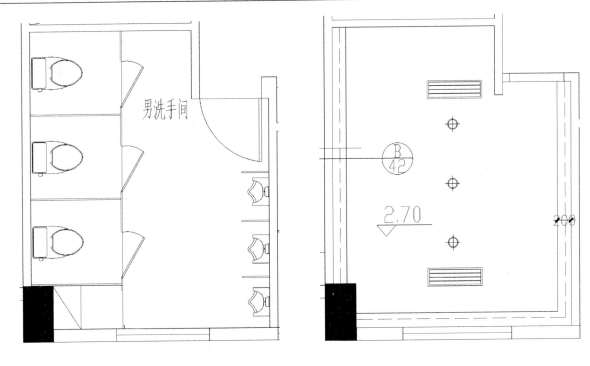

图 3-69 男洗手间平面布置图   图 3-70 男洗手间天花布置图

首先，根据结构绘制出墙体和楼顶板，如图 3-71 所示。绘制出墙体和楼板后，就确定了整个结构的位置。

其次，根据尺寸绘制出天花的轮廓线，楼板的高度为 3200mm，天花的高度为 2700mm，则从楼板下面的界线向下偏移 500mm 就是天花底部轮廓线。从天花图可以知道，从墙面出来一个灯槽，所以从墙面偏移出灯槽的位置为 200mm，深度为 300mm（这个深度根据情况而定）。然后修剪掉多余的线条，如图 3-72 所示。

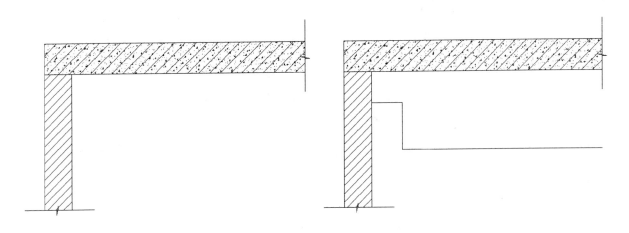

图 3-71 绘制墙体及楼板   图 3-72 绘制天花轮廓线

再次，绘制出石膏板的厚度（一般石膏板的厚度为 9.5mm 和 12mm），从轮廓线向内部偏移石膏板的厚度，并将石膏板竖向方向用 180mm 细木工板加固，如图 3-73 所示。

最后，绘制出里面的轻钢龙骨和吊筋（轻钢龙骨和吊筋直接调用图块即可，不用另行绘制），将灯槽里面的灯放置好位置，如图 3-74 所示。然后标注尺寸及材料完成此天花节点图的绘制，如图 3-75 所示。

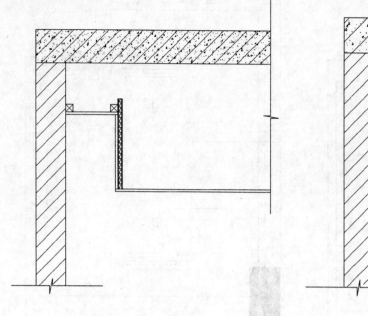

图3-73 剪掉多余线条

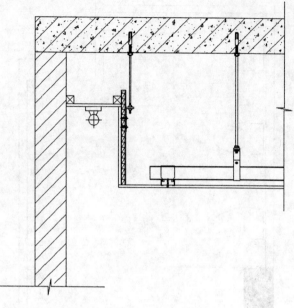

图3-74 放置灯的位置

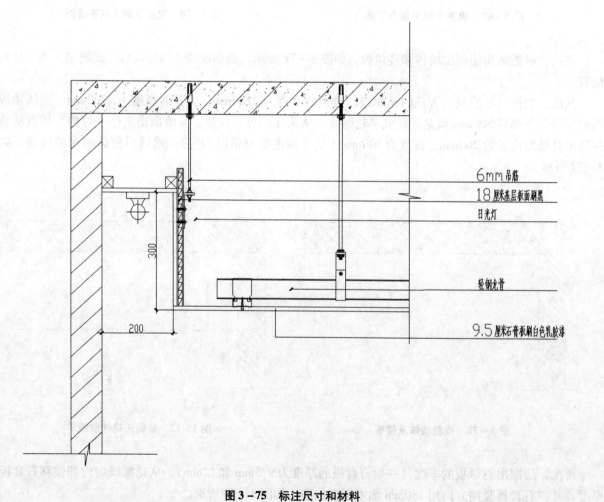

6mm吊筋

18厘米基层板面刷黑

日光灯

轻钢龙骨

9.5厘米石膏板刷白色乳胶漆

300

200

图3-75 标注尺寸和材料

　　由于篇幅限制，其他节点不做一一演示，大家可以多去学习别人绘制的图纸，多看网上关于施工的视频以及相关资料。在此将其他部分节点罗列出来仅供大家参考。如图3-76至图3-79所示。

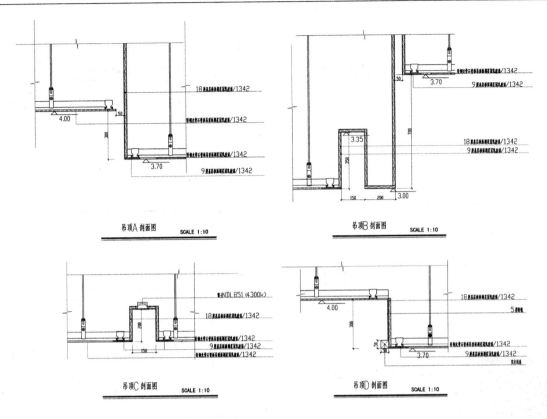

图 3-76　天花节点图（1）

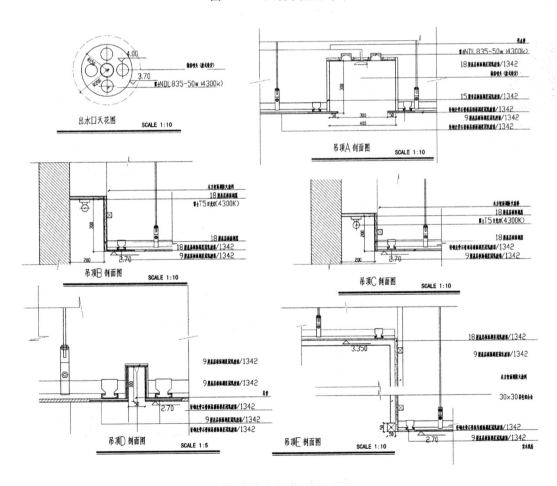

图 3-77　天花节点图（2）

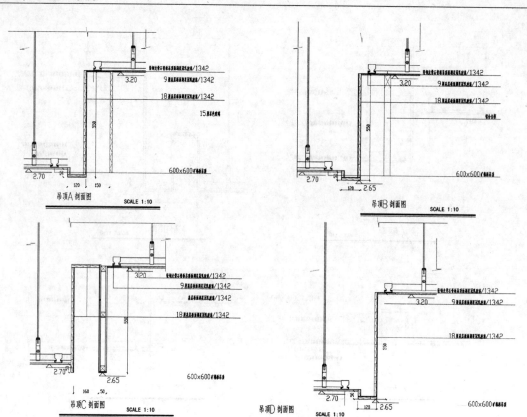

图 3-78　天花节点图（3）

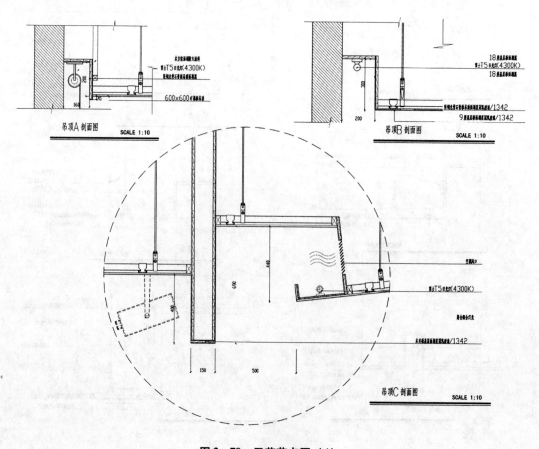

图 3-79　天花节点图（4）

项目四　酒店装饰施工图的绘制

任务一　酒店功能分析及功能分区

知识目标

通过学习，了解酒店设计各空间的功能，并学习如何对空间进行功能分区。

技能目标

学习酒店每个空间的功能以及如何对酒店空间进行功能分区。

任务要点

详细介绍酒店每个空间具体功能，学习如何进行合理的功能分区。

项目任务书

任务名称	酒店功能分析及功能分区	任务编号		时间要求	
要求	1. 了解酒店各空间功能 2. 如何对酒店进行功能分区				
重点培养的能力	酒店每个空间的详细功能				
涉及知识	酒店功能分区知识				
教学地点	教室、机房	参考资料			
教学设备	投影设备、投影幕布、电脑				
训练内容					

1. 老师对案例进行分析，讲解酒店各个空间的功能
2. 课堂练习。对学生进行分组，安排课堂练习
3. 提出问题及老师答疑。学生提出在学习过程中遇到的问题，老师作出解答

训练要求

通过学习，学生能了解酒店每个功能区的作用，能做简单的酒店功能分区设计

成果要求及评价标准

成果要求：

　　学生能讲出酒店每个区域的功能

评价标准：

　　对酒店每个区域功能分析基本准确

综合学生的具体表现，对学生进行评分：90～100分优秀；80～89分良好；70～79分中等；60～69分合格；60分以下不合格

项目组评价		总分	
教师评价			

项目实施计划书

项目任务与内容	教师工作任务	学生学习任务	实施地点	实施时间
制订目标、计划	布置课题、下发任务	1. 阅读任务书，明确项目任务 2. 确定学习目标，制订项目实施计划 3. 分项目组，制订项目组计划	机房	
讲解案例	1. 现场指导，解答学生遇到的问题 2. 管理实训课堂纪律	学习案例	机房	
项目实训	提出案例及问题	解答案例中遇到的问题		
学生自评与互评	1. 现场指导，解答学生遇到的问题 2. 管理实训课堂纪律	1. 学生自评 2. 小组互评	机房	
教师讲评	老师对整个实训进行综合性的总结、讲评			

一、酒店功能分区分析

　　酒店从功能分区上可分为客房区、餐饮区、公共活动区、会议和展览区、健身娱乐区、行政后勤区，这些区域既要划分明确，又要有机联系。

（一）客房区

　　客房是酒店的"灵魂"，是宾客在酒店的"家"。客房是一个私密的、放松的、舒适的，浓缩了睡觉休息、私人办公、商务会谈以及沐浴更衣等多种功能要求的空间。一般情况下，客房又可分为房内门廊区、工作区、就寝区和洗漱区。

　　随着商务活动的增多，为了满足商务客人的需求，不少酒店在普通客房的基础上，增设了档次较高的商务楼层。在商务楼层有专门为楼层服务的相关设施，如办理入住登记、退房手续，提供问询、留房等服务。另设有商务中心，提供复印、传真机、翻译、文秘服务；设有专用酒吧或供客人用餐或者午茶功能区；设有供阅读休息的功能区，商务楼层的位置一般设在酒店的高层区。如图4-1、图4-2所示。

图4-1 酒店客房

图4-2 酒店商务客房

（二）餐饮区

餐厅及厨房是酒店不可缺少的服务设施。一般情况下，餐厅的规模以客房的床位数作为设计依据。一个床位一个餐位，如需对店外消费者开放，则按照市场需求增加餐厅面积，根据酒店星级的划分及评定标准，五星级酒店一定要有咖啡厅（快餐厅），位置与大堂相连，方便客人用餐，并烘托大堂氛围；还要有中餐厅和宴会单间或者宴会厅，最好有1~2个风味餐厅。大城市中的酒店里最好有一个规模适当的西餐厅及有特色的酒吧，各种餐厅最好集中在一个餐饮区。如图4-3、图4-4、图4-5所示。

图 4-3　中餐厅

图 4-4　宴会厅

图4-5　宴会单间

（三）公共活动区

公共活动区一般包括酒店的大堂、过厅、走廊以及与大堂配套的商店、银行、礼品店等，它是酒店的交通枢纽。公共区设计应遵循"以人为中心"的理念，注重给客人带来美的享受，创造出宽敞、华丽、轻松的气氛。公共区是宾客共享的室内空间，是展现酒店特色和服务水平的核心地带，是接待客人、服务客人的公共空间，也是客人最容易对酒店产生深刻印象的区域。酒店公共区域是整个酒店设计的核心，其布局和营造的独特氛围，将直接影响酒店的形象。如图4-6、图4-7、图4-8所示。

图4-6　酒店大堂

图4-7　酒店走廊　　　　　　　　　　　　　　图4-8　酒店过厅

（四）会议和展览区

会议和展览区是为商务客人提供举办会议、展览的空间。如图4-9所示。

图4-9　会议厅

（五）健身娱乐区

健身娱乐区是为客人提供健身、娱乐的空间。如图4-10、图4-11所示。

图4-10 酒店健身房　　　　　　　　　　　　图4-11 酒店游泳馆

（六）行政后勤区

行政后勤区是为酒店的运行所必需配套的行政后勤空间，包括行政办公、后勤服务、行李房、洗衣房、员工休息、更衣、员工食堂等。

二、酒店功能分区

酒店的功能分区（见图4-12）对酒店的正常运行是至关重要的。对酒店进行功能分区，首先要考虑到酒店的流线设计，也就是酒店人员的动线。一般情况下有以下几条动线：①入住客人的通道；②服务人员的通道；③服务用品的通道；④厨房用品的通道。这几条通道应该严格分开，并有机地联系，过多的交叉不仅会降低酒店的服务品质，而且还会给清洁带来很多不便。

1. 客房区

客人通道和服务人员通道应各自分开，客人和服务人员使用不同的楼梯、电梯，被服用品从布草间过道由服务人员配送到各个客房，用过的被服用品通过被服通道送到洗衣房。

2. 餐饮区

中餐厅与贵宾包间应分设入口，同时应避免服务流线与客人通道交叉；西餐厅和风味餐厅应分区合理，有利于服务便捷；咖啡厅应和大堂有机分隔，既不影响客人通道，又有利于缩短服务通道的距离。

3. 公共活动区

公共活动区是酒店的交通枢纽，少量的流线交叉在所难免。但在大堂的行李通道，服务人员的出入口必须与客人通道分开。

4. 会议和展览区

在大型会议室、展览区或多功能厅，由于客人数量多，应严格将客人通道和服务人员通道分开，保证服务质量。

5. 健身娱乐区

一般情况下，酒店的健身区以自助为主，把健身区放在客人容易到达的区域，方便客人使用。

6. 行政后勤区

行政后勤区是服务人员专用的区域，一般情况下不用考虑客人是否通达，但必须有专用服务通道和出入口，方便服务人员的通达和服务。

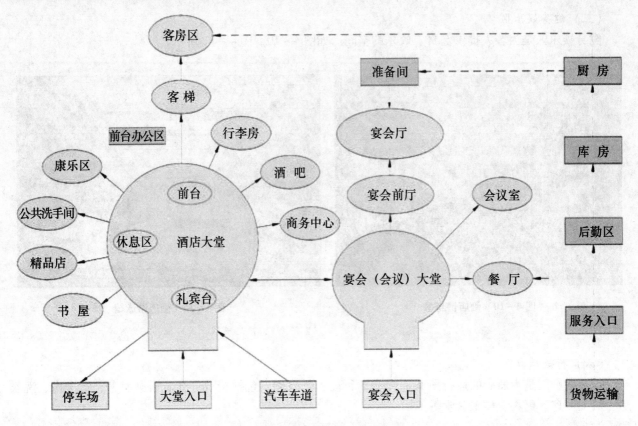

图 4 – 12　酒店功能分区图

任务二　酒店平面布置设计

知识目标

通过具体案例的学习，了解酒店大堂的功能分区设计。

技能目标

学习酒店大堂平面方案布置。

任务要点

简单介绍酒店大堂设计要点及设计方法

项目任务书

任务名称	酒店平面布置设计		任务编号		时间要求	
要求	1. 了解酒店大堂功能设计 2. 如何对酒店大堂进行设计					
重点培养的能力	酒店大堂平面方案设计					
涉及知识	酒店大堂功能及相关知识					
教学地点	教室、机房		参考资料			
教学设备	投影设备、投影幕布、电脑					

训练内容

1. 老师对案例进行分析，讲解酒店大堂设计知识

2. 课堂练习。对学生进行分组，安排课堂练习

3. 提出问题及老师答疑。学生提出在学习过程中遇到的问题，老师作出解答

训练要求

通过学习，学生能够了解酒店大堂应该如何进行设计，能做简单的酒店大堂设计

成果要求及评价标准

成果要求：

　　学生能够讲出酒店大堂都有哪些设计要素

评价标准：

　　学生对酒店大堂设计要素明确，无原则性错误

综合学生的具体表现，对学生进行评分：90~100分优秀；80~89分良好；70~79分中等；60~69分合格；60分以下不合格

项目组评价		总分	
教师评价			

项目实施计划书

项目任务与内容	教师工作任务	学生学习任务	实施地点	实施时间
制订目标、计划	布置课题、下发任务	1. 阅读任务书，明确项目任务 2. 确定学习目标，制订项目实施计划 3. 分项目组，制订项目组计划	机房	
讲解案例	1. 现场指导，解答学生遇到的问题 2. 管理实训课堂纪律	项目组经过学习，了解酒店大堂功能设计	机房	
项目实训	提出案例及问题	解答案例中遇到的问题		
学生自评与互评	1. 现场指导，解答学生遇到的问题 2. 管理实训课堂纪律	1. 学生自评 2. 小组互评	机房	
教师讲评	老师对整个实训进行综合性的总结、讲评			

本项目以一个酒店的室内设计为例，进一步讲解室内设计的相关知识。本项目着重介绍酒店平面图的设计要素，绘图讲解过程中省去了烦琐的步骤，重点介绍绘图的难点和需要注意的相关事项。图4－13为某酒店大堂平面图。

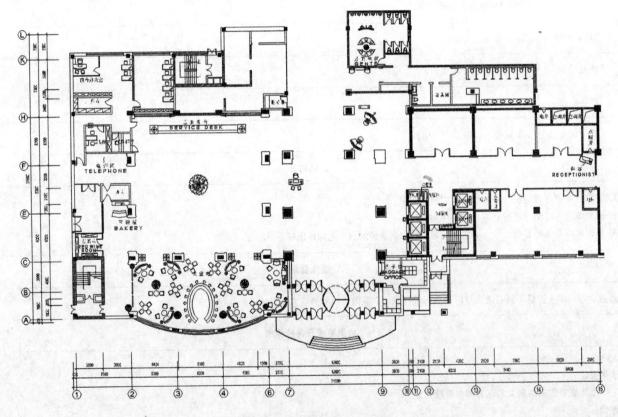

图4－13　酒店大堂平面布置

在总服务台处需要设计一个接待台和几张接待椅，还要对接待台的背景墙进行设计，平面图上放置好接待台（一般接待台直接从家具市场购买，所以不用太详细，只要平面样式即可），作出背景墙上的造型（造型为设计师设计）。在休息区内，需要布置沙发、茶几、书报杂志陈设架及其他设施，方便客人在这里短暂休息、等候或者谈话等。家具的选择一般需要根据空间的大小、材料质感、风格品位、价格定位等方面综合考虑。如图4－14所示。

综合来讲，"管理分流客户，迎送客户，询问客户需求，解答客户咨询，处理客户意见，减少客户投诉"是大堂经理区别于其他岗位的主要特点，核心就是围绕客户体验，开展工作。因此在大堂设置大堂经理区，只需设计一张办公桌即可。

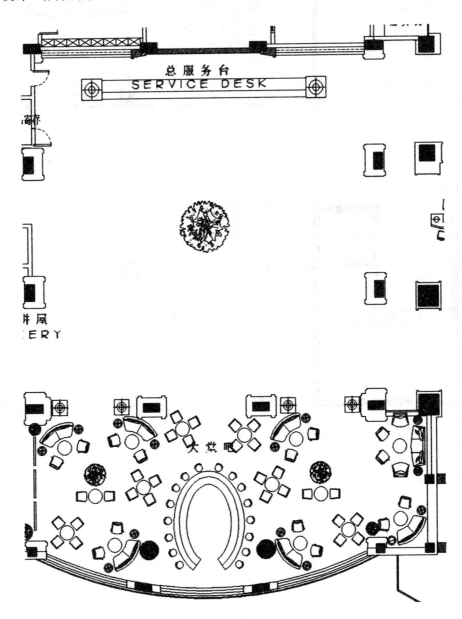

图 4 - 14　服务台及大堂吧布置

　　精品店是酒店为客人提供购买有地方特色的礼品的地方，精品店内部布置则需要根据地方特色及相关风俗民情具体设计。本案例中大堂中设计了多个精品店，如图 4 - 15 所示。

　　当然，洗手间是必不可少的，一般都布置在走道的尽头或者角落，不会影响酒店整体美观。本案例则是将洗手间布置在了最里面的位置。

　　行李房是用来寄存客人行李的地方，一般设计在酒店入口处，方便客人入住时存放或者退房时取出。本案例将行李房设计在了大厅旋转门的右首边。

　　其他像一些管井则是属于消防必需的，不在设计范围，只需保持原样即可。这样，首层大堂平面就基本布置完成了。

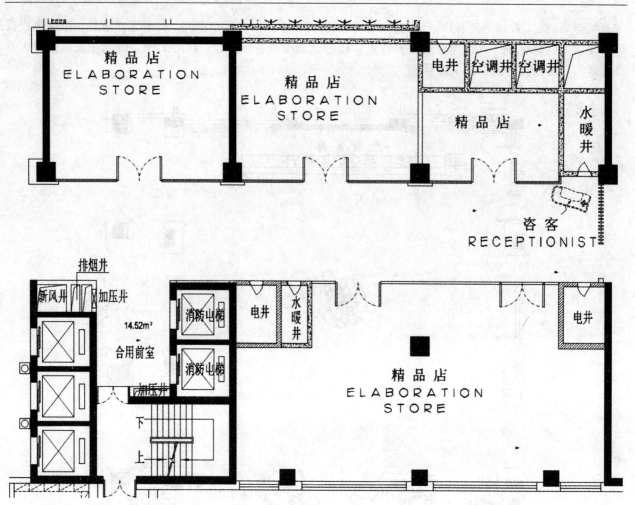

图 4 – 15 精品店

任务三　酒店天花布置设计

知识目标

通过具体案例学习，了解酒店天花设计要素，并学习如何对酒店大堂天花进行相关设计。

技能目标

学习酒店大堂天花布置要素。

任务要点

学习酒店大堂天花布置要素，以及如何进行酒店大堂天花设计。

项目任务书

任务名称	酒店天花布置设计	任务编号		时间要求	
要求	1. 了解酒店大堂天花设计要素 2. 如何对酒店大堂天花进行设计				
重点培养的能力	酒店大堂天花设计				
涉及知识	酒店功能分区知识				
教学地点	教室、机房	参考资料			
教学设备	投影设备、投影幕布、电脑				

1. 老师对案例进行分析，讲解酒店大堂天花设计要素

2. 课堂练习。对学生进行分组，安排课堂练习

3. 提出问题及老师答疑。学生提出在学习过程中遇到的问题，老师作出解答

训练要求

通过学习，学生能够了解酒店大堂天花设计要素，能做简单的酒店大堂天花设计

成果要求及评价标准

成果要求：

　　学生能讲出酒店大堂天花设计要素

评价标准：

　　对酒店大堂天花设计要素表述准确无误

综合学生的具体表现，对学生进行评分：90~100分优秀；80~89分良好；70~79分中等；60~69分合格；60分以下不合格

项目组评价		总分	
教师评价			

项目实施计划书

项目任务与内容	教师工作任务	学生学习任务	实施地点	实施时间
制订目标、计划	布置课题、下发任务	1. 阅读任务书，明确项目任务 2. 确定学习目标，制订项目实施计划 3. 分项目组，制订项目组计划	机房	
讲解案例	1. 现场指导，解答学生遇到的问题 2. 管理实训课堂纪律	1. 项目组经过学习，掌握酒店大堂天花设计要素 2. 学习如何对酒店大堂天花进行设计	机房	
项目实训	提出案例及问题	解答案例中遇到的问题		
学生自评与互评	1. 现场指导，解答学生遇到的问题 2. 管理实训课堂纪律	1. 学生自评 2. 小组互评	机房	
教师讲评	老师对整个实训进行综合性的总结、讲评			

在前面家装居室空间里，简单地讲解过天花布置图，本案例的顶面布置相对于家装空间的顶面布置更为复杂，更富于变化，主要表现在顶棚造型和灯光布置上。如图 4-16 所示。

在设计时要考虑的几个因素：

（1）顶棚造型与室内不同功能区要对应且有变化。

（2）突出入口门厅部位的中心位置。

（3）考虑休息区与总台部位的空间效果。

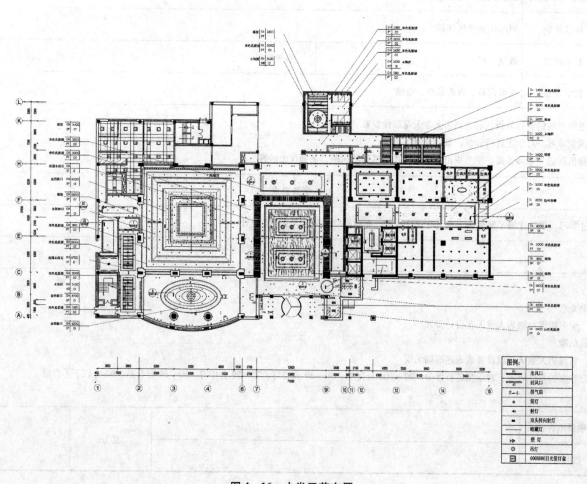

图 4-16 大堂天花布置

（4）注意墙、柱与吊顶边界的搭接、过渡。

（5）配合人工照明，使得顶棚更具特色。

（6）力求使空间大气、时尚、庄重、典雅。

除了要考虑上面几个因素外，大堂天花的格调要讲究豪华气派，要以新奇的构思来展示酒店的独特魅力。天花的设计方式主要有以下几种形式：光栅式、平吊式、假梁式、钢丝网格式、集合叠级式、木格式和自由组合式。在设计顶面天花造型时，还应考虑与地面石材设计图案上下呼应。

在绘制天花图时一般按照设计，一个区域一个区域地进行。由于天花造型多为几何规则图形，绘制基本没有任何难度，也就不作详细演示。

任务四　酒店地面布置设计

知识目标
通过具体案例，学习如何对酒店大堂地面进行相关设计。

技能目标
学习酒店大堂地面布置设计。

任务要点
学习如何进行酒店大堂地面的设计。

项目任务书

任务名称	酒店地面布置设计	任务编号		时间要求	
要求	如何对酒店大堂地面进行设计				
重点培养的能力	酒店大堂地面设计				
涉及知识	酒店大堂地面设计知识				
教学地点	教室、机房	参考资料			
教学设备	投影设备、投影幕布、电脑				

训练内容

1. 老师对案例进行分析，讲解酒店大堂地面设计
2. 课堂练习。对学生进行分组，安排课堂练习
3. 提出问题及老师答疑。学生提出在学习过程中遇到的问题，老师作出解答

训练要求

通过学习，学生能够了解酒店大堂地面设计，能做简单的酒店大堂地面设计

成果要求及评价标准

成果要求：
　　学生能够讲出酒店大堂地面设计要素
评价标准：
　　对酒店大堂地面设计要素表述准确无误
综合学生的具体表现，对学生进行评分：90~100 分优秀；80~89 分良好；70~79 分中等；60~69 分合格；60 分以下不合格

项目组评价		总分	
教师评价			

项目实施计划书

项目任务与内容	教师工作任务	学生学习任务	实施地点	实施时间
制订目标、计划	布置课题、下发任务	1. 阅读任务书，明确项目任务 2. 确定学习目标，制订项目实施计划 3. 分项目组，制订项目组计划	机房	
讲解案例	1. 现场指导，解答学生遇到的问题 2. 管理实训课堂纪律	1. 项目组经过学习，了解酒店大堂地面的设计要素 2. 学习如何对酒店大堂地面进行设计	机房	
项目实训	提出案例及问题	解答案例中遇到的问题		
学生自评与互评	1. 现场指导，解答学生遇到的问题 2. 管理实训课堂纪律	1. 学生自评 2. 小组互评	机房	
教师讲评	老师对整个实训进行综合性的总结、讲评			

图4-17为本案例酒店大堂地面布置图。

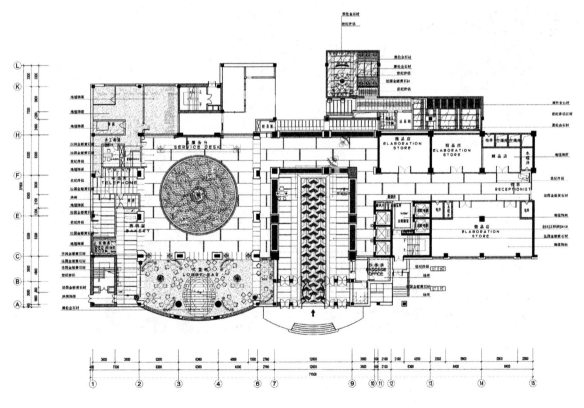

图4-17　酒店大堂地面布置

　　整个大堂地面都以大理石作为地面装饰材料。入口中间采用了立体感非常强烈的拼花效果，让人进入大堂就能感受到酒店的雍容华贵。其他部位则大面积地使用了法国金姬黄和世纪伴侣两种材料进行拼花组合，更显大堂的豪华大气。大堂中心部位地面则是一个圆形的拼花造型，与顶面的水晶吊灯相互呼应。图4-18为酒店大堂实景图。

图 4 – 18   酒店大堂实景

任务五　开关插座设计

知识目标

通过具体案例，学习开关插座设计相关规范。

技能目标

学习开关插座布置规范。

任务要点

学习了解开关插座相关设计规范。

项目任务书

任务名称	开关插座设计		任务编号		时间要求	
要求	学习酒店开关插座设计相关知识					
重点培养的能力	酒店开关插座设计知识					
涉及知识	酒店开关插座设计知识					
教学地点	教室、机房		参考资料			
教学设备	投影设备、投影幕布、电脑					

训练内容

1. 老师对案例进行分析，讲解酒店大堂地面设计
2. 课堂练习。对学生进行分组，安排课堂练习
3. 提出问题及老师答疑。学生提出在学习过程中遇到的问题，老师作出解答

训练要求

通过学习，学生能够了解酒店开关插座设计的相关规范，能对简单的酒店进行开关插座布置

成果要求及评价标准

成果要求：

　掌握酒店开关插座相关设计规范

评价标准：

　对酒店开关插座设计规范掌握透彻

综合学生的具体表现，对学生进行评分：90 ~ 100 分优秀；80 ~ 89 分良好；70 ~ 79 分中等；60 ~ 69 分合格；60 分以下不合格

项目组评价		总分	
教师评价			

项目实施计划书

项目任务与内容	教师工作任务	学生学习任务	实施地点	实施时间
制订目标、计划	布置课题、下发任务	1. 阅读任务书，明确项目任务 2. 确定学习目标，制订项目实施计划 3. 分项目组，制订项目组计划	机房	
讲解案例	1. 现场指导，解答学生遇到的问题 2. 管理实训课堂纪律	项目组经过学习，掌握酒店开关插座布置相关规范	机房	
项目实训	提出案例及问题	解答案例中遇到的问题		
学生自评与互评	1. 现场指导，解答学生遇到的问题 2. 管理实训课堂纪律	1. 学生自评 2. 小组互评	机房	
教师讲评	老师对整个实训进行综合性的总结、讲评			

本案例为星级酒店装饰工程，工程量大，仅以客房为例来讲解说明一般开关插座的设计规范。

一、照明及插座规范

（1）卫生间天花上的灯具都应安装防水罩。

（2）浴缸及冲凉房上方要求安装天花灯。

（3）挂衣橱内应设带保护罩的照明灯具，且为感应开关控制。

（4）床头灯应具有调光功能。

（5）落地灯开关应安装在上方，如拉线开关，不宜采用脚踩开关。

（6）写字台上方电脑电源插座为多用途插座。

（7）所有电源插座宜选用两孔和三孔安全型双联面板，并带有开关；除额定电压为 220V 以外的各种插座，应在面板上注明。

二、开关插座布置设计

（1）客房门外应设一个"请勿打扰"显示面板和门铃按钮。

（2）进门处内墙：钥匙牌开关，面板带有指示灯；走廊灯双控开关；控制睡房内照明灯的双控开关，面板应带指示灯。

（3）卫生间门外墙边设照明灯和排气扇开关；卫生间里面设吹风机；剃须刀插座，壁挂电话。

（4）床头边墙：高于床头柜以上的位置应设：①走廊灯双控开关；②控制睡房内照明的双控开关，面板带指示灯；③床头上方阅读调光灯开关，左右各一；④夜灯开关；⑤手机充电电源插座。

（5）写字台处插座、面板布置：写字台上方（一般高于台面 100mm）设数据端口一个，电话端口一个（拨号上网或传真机）；设两个多用途电脑电源插座，不受钥匙开关控制。写字台下方布置台式电话端口和台灯电源。

（6）电视机后面插座、面板设置：电视机电源插座；电视机音频信号输出插座；电视机射频信号输入插座；网络数据端口。

（7）其他必要插座：落地灯的电源板；清洁时吸尘器用的电源插座；电水壶的电源插座（带开关）；其他备用插座等。

如图 4-19 所示。

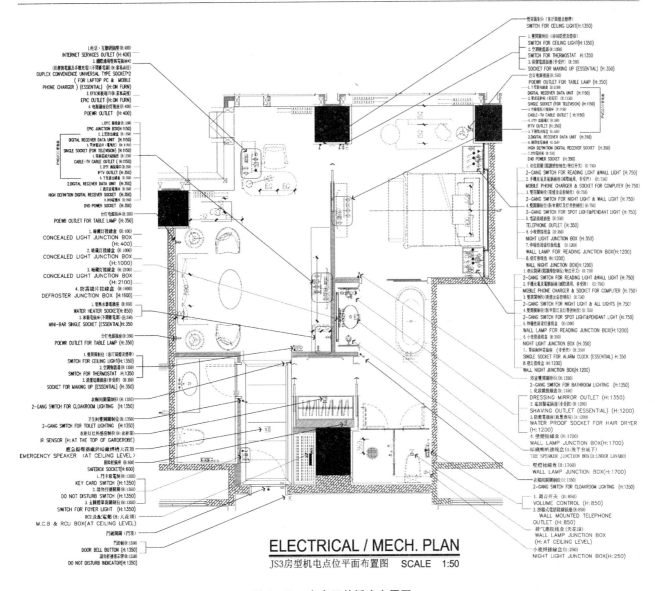

ELECTRICAL / MECH. PLAN

JS3房型机电点位平面布置图　　SCALE　1:50

图 4-19　客房开关插座布置图

任务六 给排水设计

知识目标

通过具体案例，了解酒店给排水相关知识。

技能目标

通过学习，了解给排水相关知识。

任务要点

学习了解给排水相关设计规范。

项目任务书

任务名称	给排水设计		任务编号		时间要求	
要求	学习酒店给排水设计相关知识					
重点培养的能力	酒店给排水设计知识					
涉及知识	酒店给排水设计知识					
教学地点	教室、机房		参考资料			
教学设备	投影设备、投影幕布、电脑					

训练内容

1. 老师对案例进行分析，讲解酒店给排水设计
2. 课堂练习。对学生进行分组，安排课堂练习
3. 提出问题及老师答疑。学生提出在学习过程中遇到的问题，老师作出解答

训练要求

通过学习，学生能够了解酒店给排水相关规范，能简单进行给排水点位布置设计

成果要求及评价标准

成果要求：

　　了解酒店给排水相关设计规范

评价标准：

　　对酒店给排水设计知识有所了解。

综合学生的具体表现，对学生进行评分：90~100分优秀；80~89分良好；70~79分中等；60~69分合格；60分以下不合格

项目组评价		总分	
教师评价			

项目实施计划书

项目任务与内容	教师工作任务	学生学习任务	实施地点	实施时间
制订目标、计划	布置课题、下发任务	1. 阅读任务书，明确项目任务 2. 确定学习目标，制订项目实施计划 3. 分项目组，制订项目组计划	机房	
讲解案例	1. 现场指导，解答学生遇到的问题 2. 管理实训课堂纪律	项目组经过学习，掌握酒店给排水相关规范	机房	
项目实训	提出案例及问题	解答案例中遇到的问题		
学生自评与互评	1. 现场指导，解答学生遇到的问题 2. 管理实训课堂纪律	1. 学生自评 2. 小组互评	机房	
教师讲评	老师对整个实训进行综合性的总结、讲评			

　　本案例为一多层酒店建筑，其给排水系统相对来说较为复杂，主要包括给水系统、排水系统、消防系统、热水系统。给水系统采用分区供水，低层为一区（低于 5 层），中层为一区（6～10 层）。排水系统采用污水、废水分流制，坐便器出水直接排入市政污水管网；底层单独排水，排水立管设专用通气管。消防系统主要采用室内消火栓系统，消防初期用水量由屋顶消防水箱供给，消防水箱的水源则由生活水泵从生活水中抽取，消防后期启动消防水泵，从消防水池抽水供消火栓使用。热水系统采用闭式机械循环系统，热水的分区系统同冷水系统，集中热水供应，冷水经过加热器加热后由提升泵供给配水管网。

一、给水系统

　　建筑内给水系统由引入管、水表节点、给水管道、配水装置和用水设备及附件组成，此外还包括地下贮水池加压水泵和屋顶水箱。

二、排水系统

　　排水系统由卫生器具、排水管道、通气立管、检查口、清洁口、室外排水管道、检查井组成。

三、消防系统

　　消防系统由消火栓系统、自动喷淋系统组成。
　　消火栓系统由消防水泵、消防管网、稳压消火栓和水泵接合器组成。
　　消火栓布置在明显、经常有人出入，而且使用方便的地方，其间距不大于 20m。为了定期检查室内消火栓给水的能力，在屋顶设有试验消火栓。室内消火栓箱内设有远距离启动消防泵的按钮，以便在使用消火栓灭火的同时启动消防水泵。
　　自动喷淋系统由消防水泵、消防管网、洒水喷头、报警装置、减压孔板和水流指示器组成。
　　自动喷水喷头应安装在吊顶下，喷头正方形布置不大于 3.6m×3.6m，喷头距墙不小于 0.6m，且不大于 1.8m。为定期检测系统工作是否正常，在每层管网末端设置检测装置。

四、热水系统

　　热水系统主要由冷水给水、循环泵、加热器、配水管网、用水点、回水管网、循环水泵、加热器组成。
　　热水供应系统主要由热媒系统、热水供水系统、附件组成。热媒系统（第一循环系统）由锅炉、热媒管网、水加热器组成；热水供水系统（第二循环系统）由配水管网、回水管网、循环水泵及附件等组成。

任务七　电梯厅立面图的绘制

知识目标
通过具体案例，掌握酒店电梯厅立面图的绘制。

技能目标
学习酒店电梯厅立面绘制。

任务要点
掌握电梯厅立面图的绘制。

项目任务书

任务名称	电梯厅立面图的绘制		任务编号		时间要求	
要求	绘制电梯厅立面图					
重点培养的能力	酒店电梯厅立面图的绘制					
涉及知识	酒店电梯厅立面图绘制					
教学地点	教室、机房		参考资料			
教学设备	投影设备、投影幕布、电脑					

训练内容

1. 老师对案例进行分析，讲解酒店电梯厅立面图
2. 课堂练习。对学生进行分组，安排课堂练习
3. 提出问题及老师答疑。学生提出在学习过程中遇到的问题，老师作出解答

训练要求

通过学习，学生能够了解酒店电梯厅立面设计，并能绘制电梯厅立面图

成果要求及评价标准

成果要求：
　　学生能独立绘制电梯厅立面
评价标准：
　　学生绘制的电梯厅立面尺寸准确，材料标注美观
综合学生的具体表现，对学生进行评分：90~100分优秀；80~89分良好；70~79分中等；60~69分合格；60分以下不合格

项目组评价		总分	
教师评价			

项目实施计划书

项目任务与内容	教师工作任务	学生学习任务	实施地点	实施时间
制订目标、计划	布置课题、下发任务	1. 阅读任务书，明确项目任务 2. 确定学习目标，制订项目实施计划 3. 分项目组，制订项目组计划	机房	
讲解案例	1. 现场指导，解答学生遇到的问题 2. 管理实训课堂纪律	1. 项目组经过学习，了解酒店电梯厅立面设计 2. 绘制电梯厅立面图	机房	
项目实训	提出案例及问题	解答案例中遇到的问题		
学生自评与互评	1. 现场指导，解答学生遇到的问题 2. 管理实训课堂纪律	1. 学生自评 2. 小组互评	机房	
教师讲评	老师对整个实训进行综合性的总结、讲评			

　　在酒店设计中，电梯厅是客人等电梯的空间，因此客人在此空间驻足时间会较长，电梯厅也成了众多设计师重点设计的地方。由于本案例酒店层数较多，在此仅以电梯厅一部分来讲解立面设计。图4-20为电梯厅平面图，平面图相对比较简单。图4-21和图4-22分别为天花和地面材料图。

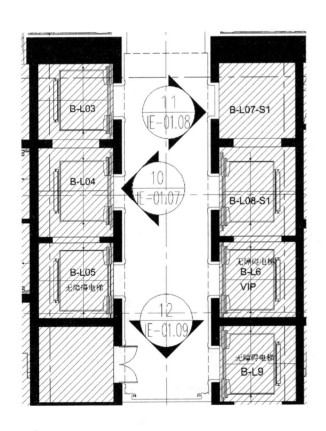

图4-20　电梯厅平面图

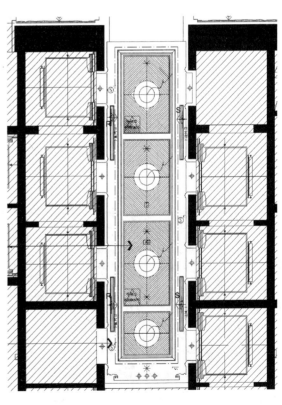

图4-21　电梯厅天花布置图

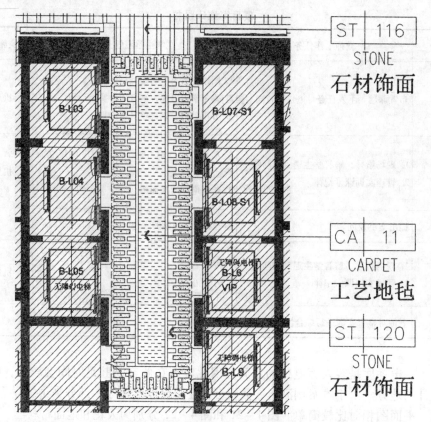

图 4 - 22 电梯厅地面材料布置图

图 4 - 23、图 4 - 24 和图 4 - 25 为对应的立面图。

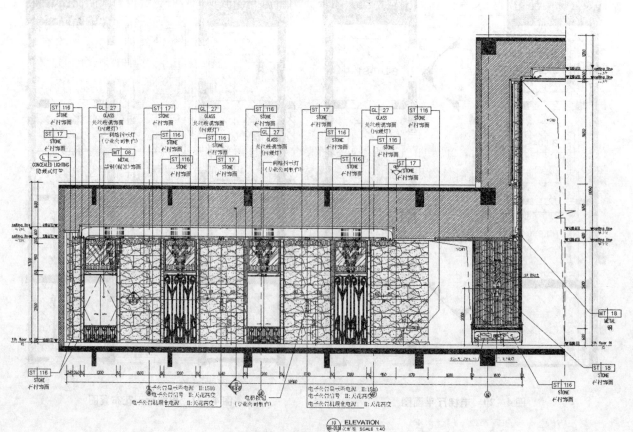

图 4 - 23 电梯厅立面（1）

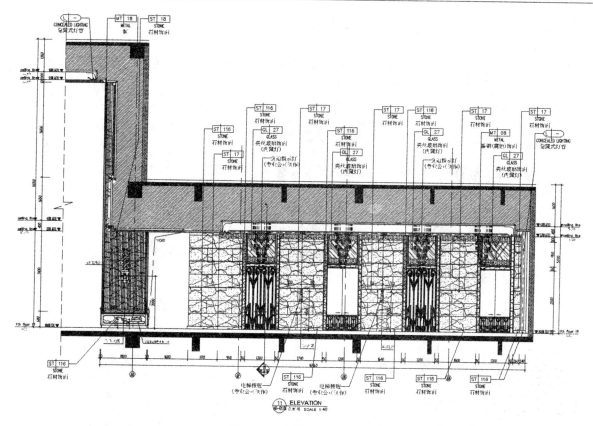

图 4-24 电梯厅立面 (2)

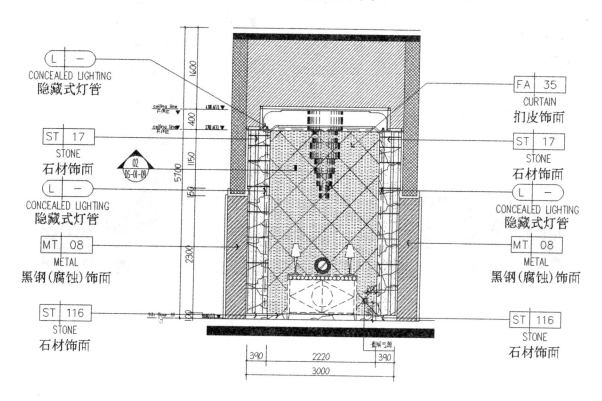

图 4-25 电梯厅立面 (3)

附上如图 4 - 26 所示效果图,供大家学习参考。

图 4 - 26   电梯厅

任务八　酒店过道立面图的绘制

知识目标

掌握酒店过道立面图的绘制。

技能目标

学习酒店过道立面图的绘制。

任务要点

掌握酒店过道立面图的绘制。

项目任务书

任务名称	酒店过道立面图的绘制	任务编号		时间要求	
要求	绘制酒店过道立面图				
重点培养的能力	酒店过道立面图的绘制				
涉及知识	酒店过道立面图的绘制				
教学地点	教室、机房	参考资料			
教学设备	投影设备、投影幕布、电脑				

训练内容

1. 老师对案例进行分析，讲解酒店过道立面图
2. 课堂练习。对学生进行分组，安排课堂练习
3. 提出问题及老师答疑。学生提出在学习过程中遇到的问题，老师作出解答

训练要求

通过学习，学生能了解酒店过道的立面设计，并能绘制过道立面图

成果要求及评价标准

成果要求：

　　学生能独立绘制过道立面

评价标准：

　　学生绘制的过道立面尺寸准确，材料标注美观

综合学生的具体表现，对学生进行评分：90~100分优秀；80~89分良好；70~79分中等；60~69分合格；60分以下不合格

项目组评价		总分	
教师评价			

项目实施计划书

项目任务与内容	教师工作任务	学生学习任务	实施地点	实施时间
制订目标、计划	布置课题、下发任务	1. 阅读任务书,明确项目任务 2. 确定学习目标,制订项目实施计划 3. 分项目组,制订项目组计划	机房	
讲解案例	1. 现场指导,解答学生遇到的问题 2. 管理实训课堂纪律	1. 项目组经过学习,了解酒店过道立面设计 2. 绘制过道立面图	机房	
项目实训	提出案例及问题	解答案例中遇到的问题		
学生自评与互评	1. 现场指导,解答学生遇到的问题 2. 管理实训课堂纪律	1. 学生自评 2. 小组互评	机房	
教师讲评	老师对整个实训进行综合性的总结、讲评			

由于过道立面图与电梯厅立面图在绘制方法上基本没有任何差别,在此仅将绘制完成的过道立面图附上,作为学习参考。如图 4-27 至图 4-31 所示。

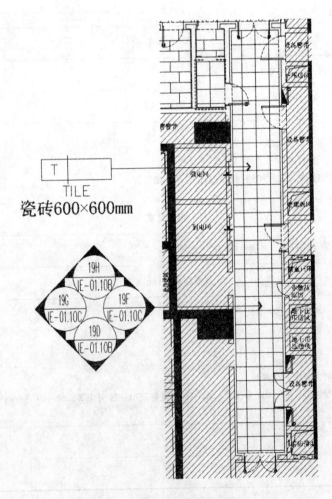

图 4-27 过道平面布置图

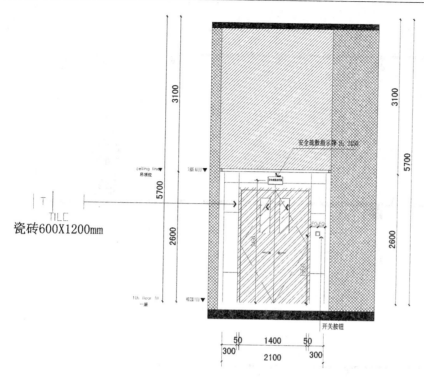

图 4-28 过道立面图 (1)

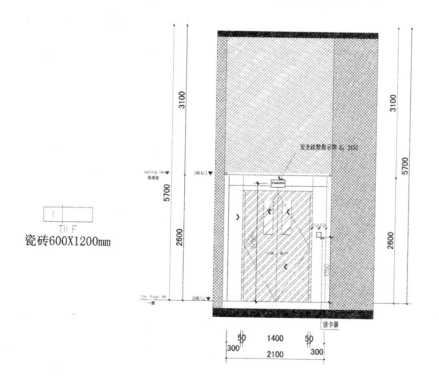

图 4-29 过道立面图 (2)

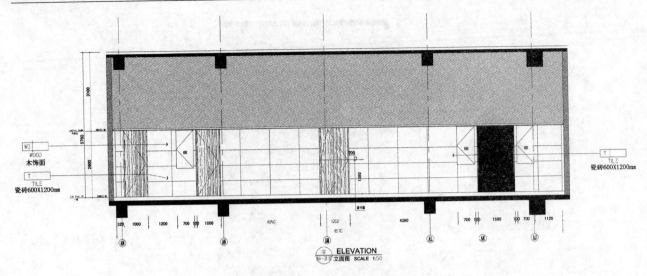

图 4 – 30　过道立面图（3）

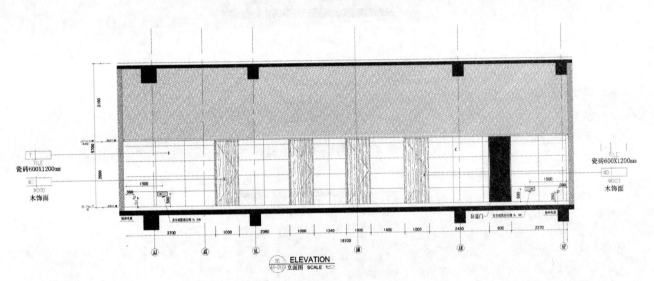

图 4 – 31　过道立面图（4）